内蒙古天然草原图鉴 2019

祁智　于杰　主编

牧草与特色作物生物技术教育部重点实验室
省部共建草原家畜生殖调控与繁育国家重点实验室
内蒙古草原文化保护发展基金会

中国农业科学技术出版社

图书在版编目（CIP）数据

内蒙古天然草原图鉴. 2019 / 祁智，于杰主编. —北京：中国农业科学技术出版社，2020. 12

ISBN 978-7-5116-4612-5

Ⅰ. ①内… Ⅱ. ①祁… ②于… Ⅲ. ①草原—内蒙古—图集 Ⅳ. ①S812-64

中国版本图书馆 CIP 数据核字（2020）第 023301 号

责任编辑　金　迪　崔改泵
责任校对　贾海霞
出 版 者　中国农业科学技术出版社
　　　　　北京市中关村南大街12号　　邮编：100081
电　　话　（010）82109194（编辑室）（010）82109702（发行部）
　　　　　（010）82109709（读者服务部）
传　　真　（010）82109698
网　　址　http: // www.castp.cn
经 销 者　各地新华书店
印 刷 者　北京地大天成文化发展有限公司
开　　本　787mm × 1 092mm　1/16
印　　张　19
字　　数　360千字
版　　次　2020年12月第1版　　2020年12月第1次印刷
定　　价　198.00元

《内蒙古天然草原图鉴2019》

编委会

主　　编： 祁　智　于　杰

参编人员： 张　睿　张利华　钟福娜　仝梦洁　陈永霞　马宇芩　秦璐瑶　王晗旭

分　　工：

- 祁智教授负责本书内容总体布局和校对。
- 于杰，内蒙古大学生命科学学院2018级硕士研究生，负责整体照片的整理、编辑和统稿。同时负责赤峰市、呼伦贝尔市、锡林郭勒盟、乌兰察布市和包头市五个采样地区照片的筛选。
- 张睿，内蒙古大学生命科学学院2019级硕士研究生，负责通辽市、兴安盟、鄂尔多斯市、巴彦淖尔市四个地区照片的筛选，以及通辽市、锡林郭勒盟土样采集信息整理。
- 张利华，内蒙古大学生命科学学院2019级硕士研究生，负责兴安盟、呼伦贝尔市、锡林郭勒盟、包头市、乌兰察布市五个地区土样采集信息整理。
- 钟福娜，内蒙古大学生命科学学院2019级硕士研究生，负责鄂尔多斯市、巴彦淖尔市、锡林郭勒盟三个地区土样采集信息整理。
- 仝梦洁，内蒙古大学生命科学学院2019级硕士研究生，负责鄂尔多斯市、巴彦淖尔市两个地区照片的筛选。
- 陈永霞，内蒙古大学生命科学学院2017级本科生，负责赤峰市、呼伦贝尔市土样采集信息整理，以及锡林郭勒盟部分照片筛选。
- 马宇芩、秦璐瑶、王晗旭，内蒙古大学生命科学学院2018级本科生，负责锡林郭勒盟部分照片筛选。

封面摄影：

- 于杰拍摄于呼伦贝尔市鄂温克族自治旗，孟令博拍摄于锡林郭勒盟西乌珠穆沁旗，张睿拍摄于锡林郭勒盟苏尼特右旗，高洁（博士）拍摄于鄂尔多斯市鄂托克旗。

前　言

我1995年春季到中国农业大学生物学院参加硕士研究生复试，第一次从导师武维华老师那里了解了钙离子对生命的重要意义。硕士研究生期间阅读了大量钙离子调节植物保卫细胞运动的科学文献，其中包括河北师范大学孙大业老师有关钙调素的论述。博士研究生期间，在美国威斯康星大学麦迪逊分校植物系Edgar Spalding教授实验室工作，在完成一个有关植物钾离子通道的课题以后，非常偶然的机会，我开始研究谷氨酸受体调控的植物钙离子信号转导，第一次触及更加广泛的钙离子生物学领域，由于谷氨酸受体在动物中是中枢神经系统神经细胞间交流的核心蛋白，我阅读了大量动物钙离子功能文献，进一步体会钙离子对植物动物生命的特殊意义。

2010年春天我回到家乡内蒙古，在内蒙古大学生命科学学院工作，主要以模式植物拟南芥为材料，研究植物吸收积累钙离子和受体调控的钙离子信号转导分子机制。2017年下半年，内蒙古大学获批省部共建草原家畜生殖调控与繁育国家重点实验室，以及牧草与特色作物生物技术教育部重点实验室，同时，国家提出“山水林田湖草”生命共同体概念。2018年春季，国家成立林业和草原局。这些事件促使我开始在内蒙古草原和钙离子之间寻找关联性。

当我用生物学视角考察内蒙古草原的时候，我不禁感叹，内蒙古草原是天然的研究钙离子的学术沃土，而我恰恰出生在这里，在这里工作，又学习研究了10多年钙离子。内蒙古草原的表层土壤主要是钙质土，从东到西，主要分为黑钙土、栗钙土、棕钙土、灰钙土。草原的土壤很薄，土层下面是以碳酸钙为主要成分的钙积层。内蒙古草原是世界钙积层的主要分布区。草原的土壤孕育了草原植物和草原家畜。草原的土、草、畜是有机整体，是生活的伴侣。钙含量是牧草核心饲用指标，直接决定了草原家畜的钙营养。

在全球范围内，大量文献证明，美国森林退化的一个主要原因是表层土壤钙含量下降，给森林土壤补钙是提升森林生产力的国家工程；《科学》杂志报道，在加拿大超过50%的淡水湖钙含量低于生物需要的警戒线。地球表面钙含量下降一方面是地质变化的原因，另一方面是全球性气候变化的结果，主要是空气二氧化碳浓度升高，酸雨频率升高，土壤中固化钙得到释放，从而向土壤深层次积累。

美国森林土壤钙含量有近一个世纪的数据积累。内蒙古草原土壤钙含量，以及其他矿质元素含量和分布现状是什么，还没有科学数据。内蒙古草原过去的土壤没有得到系统性的保存，我们无法阐明内蒙古草原土壤矿质元素演变趋势。在2018年，我有了“保留草原”的想法，保留草原某个固定时间的外貌和土壤。通过一年的准备，2019年7月2日，我们踏上了草原科考的路，截至10月2日，3个月时间，统一工具，统一方法，完成了9亿亩天然草原表层10厘米土壤样本采集工作。我们不但建立了内蒙古草原单一季节土壤样本库，而且把每个土壤采集点的照片汇编成这本图鉴，目的是把内蒙古天然草原各处在2019年7月至10月期间的大致“外貌”系统地保留下来，留给以后对草原感兴趣的人。100年以后，有人打开这本图鉴，对比100年间草原的变化，我们整理出版这本书的意义和目的便实现了。

祁　智

2020年7月

内容概述

内蒙古大学祁智教授团队在2019年启动“草原矿质营养普查与提升工程”，旨在全面普查草原土壤、草、畜矿质营养现状，最终实现两个目的：为天然草原生态修复和放牧家畜生产力提升，提供嘎查定制方案；基于科学测试数据，对天然草原家庭牧场进行“健康牧场”分级认证，创建优质牧场羊肉优价的技术和市场体系，最终形成牧民自愿保护草原生态的利益正反馈机制。

2019年7月2日至10月1日，祁智教授组织以内蒙古大学研究生和本科生为主体的草原科考队，使用统一的工具和方法，采集内蒙古自治区天然草原表层10厘米土壤样品16 685份，2 065个样方均匀覆盖约9亿亩（0.6亿公顷，全书同）草原，完成内蒙古自治区单一季节天然草原土壤采集工作，为以后草原土壤理化性质研究奠定了样本基础。所有土壤样本都永久保留在内蒙古大学草地健康中心的“天然草原土壤样本库”中。在土壤样本采集过程中，科考队用相机记录了大量样地的自然风貌。

本书的内容是在2019年7—10月期间，内蒙古草原不同地区自然风貌图片的合集。出版本书的目的，是用图片这种直观的形式，将内蒙古天然草原在2019年7—10月期间的自然风貌永久的保留下来，留给所有对内蒙古草原感兴趣的后人。

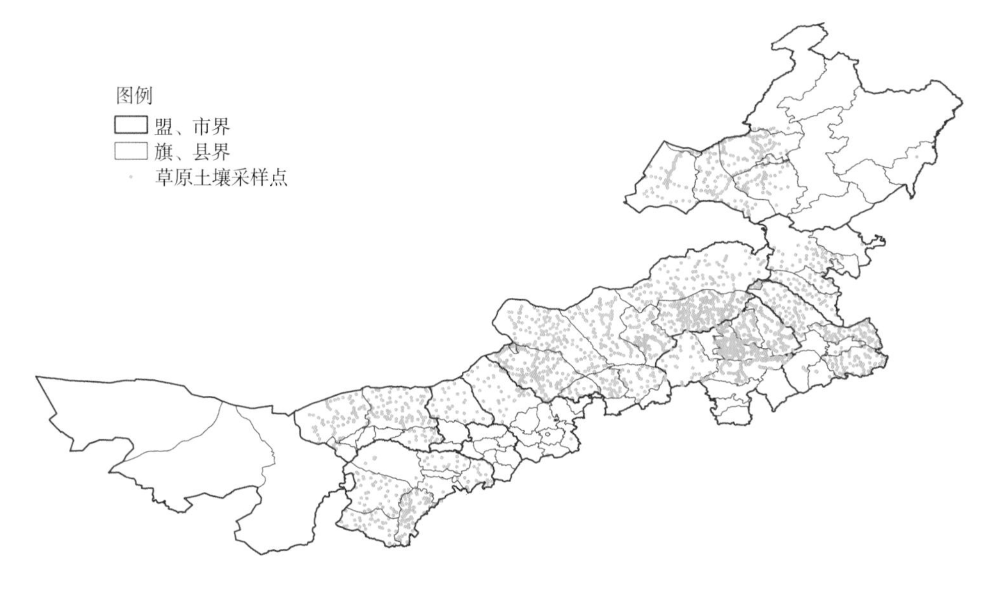

2019年内蒙古自治区天然草原土壤采样点总分布

致 谢

首先感谢内蒙古大学“牧草与特色作物生物技术教育部重点实验室”“省部共建草原家畜生殖调控与繁育国家重点实验室”提供的科研平台。感谢内蒙古自治区科学技术厅科技重大专项“羊草钙营养形成机理研究与优化技术集成示范（zdzx2018016）”和“内蒙古草原文化保护发展基金会”在出版基金方面的支持。

在野外科考过程中，科考队时常遇到车陷入泥沙、没有信号无法寻路等困难，感谢所有为科考队指路、开拖拉机帮忙拖车、为科考队提供铁锹及纸箱的当地居民和牧户，帮助我们攻克难关，继续启程。感谢爱放牧（兴安盟）生物质新材料有限公司在企业生产旺季，抽调专人安排车辆和人员支持科考队在兴安盟草原的土壤采样工作。感谢锡林郭勒盟蒙古族中学瓦日希拉、巴林右旗大板第一中学朝鲁蒙、阿巴嘎旗蒙古族中学朝鲁门和青山、四子王旗蒙古族中学敖特根、鄂尔多斯市蒙古族第二中学明亮、西乌珠穆沁旗综合高级中学吴振江等各中学负责人组织中学生参与完成牧区青少年草原科考。感谢在赤峰市科考期间巴林右旗农牧局及赤峰各旗县政府、苏木（镇）政府为科考队提供车辆食宿，对科考工作大力支持。感谢为我们带路的当地向导，和热情招待我们的牧民，积极配合科考队，助力完成草原科考工作。

感谢四子王旗全国人大代表郭艳玲和乌兰察布市人大副主任、九三学社主委李洁，帮助联系四子王旗蒙古族中学敖特根老师，组织四子王旗蒙古族中学参加草原科考活动。

感谢九三学社通辽市委员会主委王湘涛，内蒙古民族大学农学院院长、九三学社通辽市委员会副主委李志刚，内蒙古民族大学团委斯钦毕力格、农学院学工办主任张建飞，组织内蒙古民族大学87名在校蒙古族大学生利用2019年暑假实习的机会，采集自家草场土壤样本。感谢内蒙古民族大学农学院高凯教授帮助协调八名本院本科生参加内蒙古大学在通辽市的草原科考活动。

感谢内蒙古大学阿拉坦高勒教授，帮助联系西乌珠穆沁旗综合高级中学参加牧区青少年草原科考。感谢西乌珠穆沁旗党委、政府的支持，尤其要感谢的个人有：西乌珠穆沁旗原政协副主席乌日图那斯图、西乌珠穆沁旗原农牧业和科技局局长赛西亚拉图、西乌珠穆沁旗教育局局长巴雅尔芒来、西乌珠穆沁旗农牧业和科技局副局长敖敦格日勒、西乌珠穆沁旗农牧业和科技局科技科科长哈斯图雅、西乌珠穆沁旗综合高级中学校长吴振江、西乌珠穆沁旗沁绿食品公司车间主任石慧国、西乌珠穆沁旗巴彦胡硕苏木松根嘎查牧业重点户主好毕斯哈拉图、锡林郭勒盟敖包山肉食品有限责任公司董事长刘彦利。

感谢巴林右旗农牧局宋凤波，安排科考队在赤峰科考的行程、帮助联系赤峰市各其他旗县农牧局、帮助联系巴林右旗大板第一中学参加牧区青少年草原科考、安排车辆司机及联系相关负责人支撑草原科考、以及安排科考队在巴林右旗科考期间的食宿。感谢巴林右旗农牧局赵伟、乌力吉那仁，安排科考队在赤峰科考的行程、带领科考队拜访各旗县农牧局负责人、驾驶车辆带领科考队在赤峰各旗县科考、安排科考队在巴林右旗科考期间的食宿。感谢巴林右旗农牧局宝力格，驾驶车辆带领科考队在赤峰各旗县科考。感谢巴林右旗各苏木政府，提供科考队在当地科考时的午饭。感谢巴林左旗查干哈达苏木鲍双全提供科考队在当地科考时的午饭。感谢布仁德力根，驾驶车辆带领科考队在巴林左旗科考。

感谢翁牛特旗农牧局张力，驾驶车辆带领科考队在翁牛特旗科考。感谢内蒙古蒙樱莓生物科技有限公司于永军、田爽，帮忙联络当地人员、提供车辆、驾驶车辆带领科考队在翁牛特旗科考。感谢海日苏苏木东分场姜涛、于艳娇、姜云龙、白占文、马云，热情招待科考队，并在翁牛特旗大范围修路难以仅凭导航寻找路线的情况下为科考队带路。感谢玛益拉苏、张彩霞、李志玉，驾驶车辆带领科考队在翁牛特旗科考。

感谢阿鲁科尔沁旗农牧局张彩枝，安排科考队在阿鲁科尔沁旗科考期间的食宿和行程、为科考队在阿鲁科尔沁旗科考带路、指导科考队分辨草原类型和建群种。感谢巴彦温都尔苏木，热情招待科考队并带领科考队了解中国重要农业文化遗产之一的阿鲁科尔沁草原游牧系统。

诚挚感谢在科考过程中对各科考队提供帮助的所有单位和个人!

《内蒙古天然草原图鉴2019》编委会

2020年7月

目 录

呼伦贝尔市草原图鉴

● 草原科考一队成员

内蒙古大学生命科学学院2018级博士研究生高洁；2017级硕士研究生王一开；2018级硕士研究生于杰、季成。内蒙古大学蒙古学学院2019级硕士研究生特日格乐、金娜；内蒙古大学公共管理学院2016级本科生萨娜拉；内蒙古大学电子信息工程学院2015级本科生呼布琴；内蒙古大学文学与新闻传播学院2018级本科生苏力德；内蒙古民族大学文学与新闻传播学院本科生杜成刚；其他：查苏娜、伊娜。

● 草原科考一队土壤采集地区

鄂温克族自治旗、新巴尔虎右旗、新巴尔虎左旗、陈巴尔虎旗。

途经额尔古纳市、海拉尔区、满洲里市。

● 草原科考二队成员

内蒙古大学省部共建草原家畜生殖调控与繁育国家重点实验室讲师杨佳博士，以及杨佳博士父亲杨幸福，母亲斯琴和3岁女儿文熙珂。

● 草原科考二队土壤采集地区

鄂温克族自治旗、新巴尔虎右旗、新巴尔虎左旗、陈巴尔虎旗。

● 队员感言

一望无边的草原，热情的当地人，机智聪明的鄂温克族，还有他们神秘莫测的草原守护神。呼伦贝尔的采样之行令人今生难忘。感谢队员们，他们优秀、果敢，科考能顺利进行离不开他们。感谢实验室内的同学们，替我分担压力，给我正确的指引。感谢天公作美，科考的几日没有剧烈的天气变化。感谢祁老师给我的这次科考机会，这是一个刺激的挑战，也是一个成长的机会。一切都将过去，未来仍在继续，科考的日子一去不还，仅以此书纪念我们一起科考的日子。愿大家有缘再聚，把酒言欢之时，仍是年轻模样。

——王一开

我2018年6月博士毕业以后到内蒙古大学省部共建草原家畜生殖调控与繁育国家重点实验室工作。我从小在鄂尔多斯乌审旗牧区长大，父母和我本人都是蒙古族，非常热爱草原。在呼伦贝尔草原科考过程中，我非常感谢我的父亲杨幸福，不但帮我开车，还帮我采土，他过去在林业系统工作过，野外工作经验比我多。也非常感谢我的母亲斯琴，不但帮我采集土壤，还帮我照顾我的孩子文熙珂（蒙语富饶）。我很高兴我的孩子文熙珂在快三岁的时候，能够亲历草原，和妈妈一起工作，成为我们一生美好的回忆。

——杨　佳

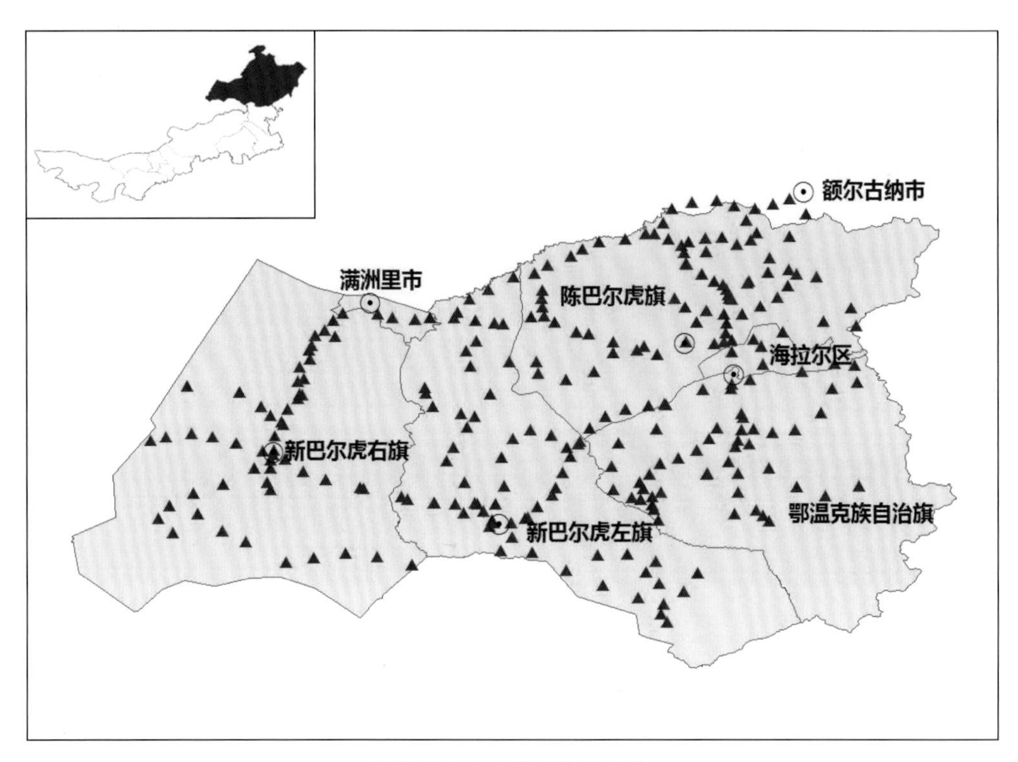

呼伦贝尔市土样采集点分布

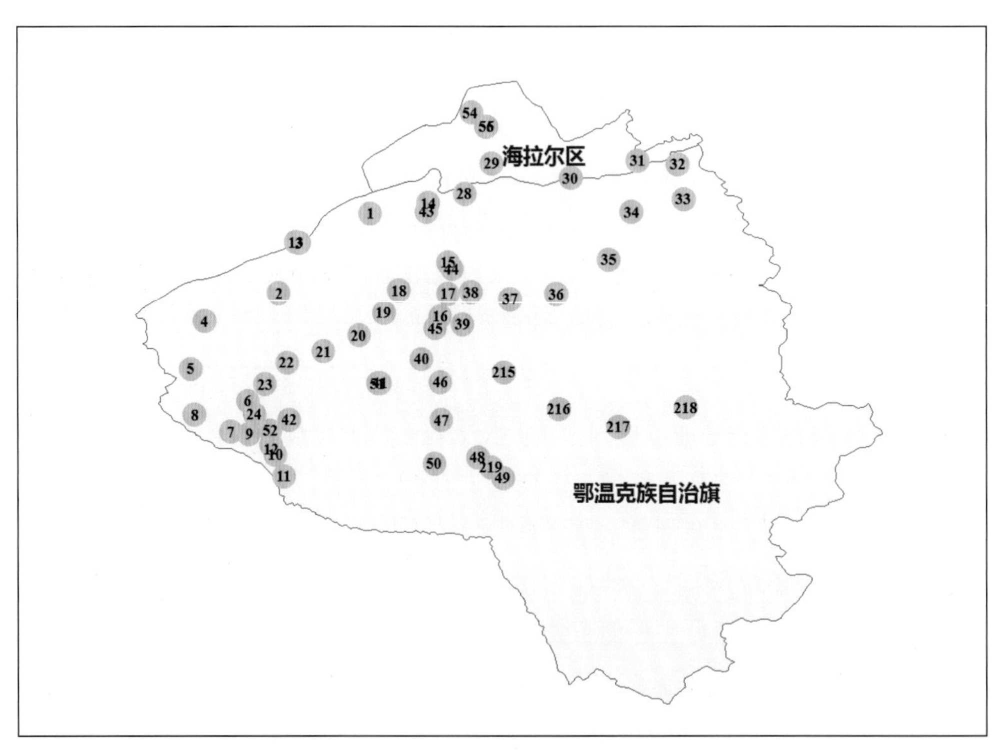

呼伦贝尔市·鄂温克族自治旗采样点分布和编号

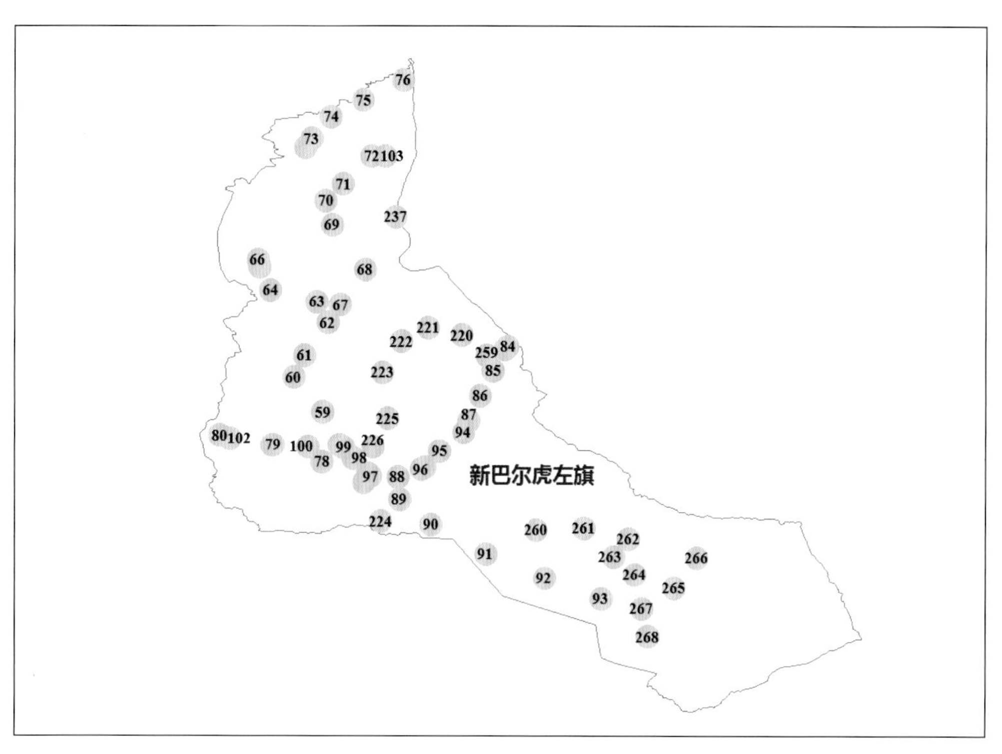

呼伦贝尔市·新巴尔虎左旗采样点分布和编号

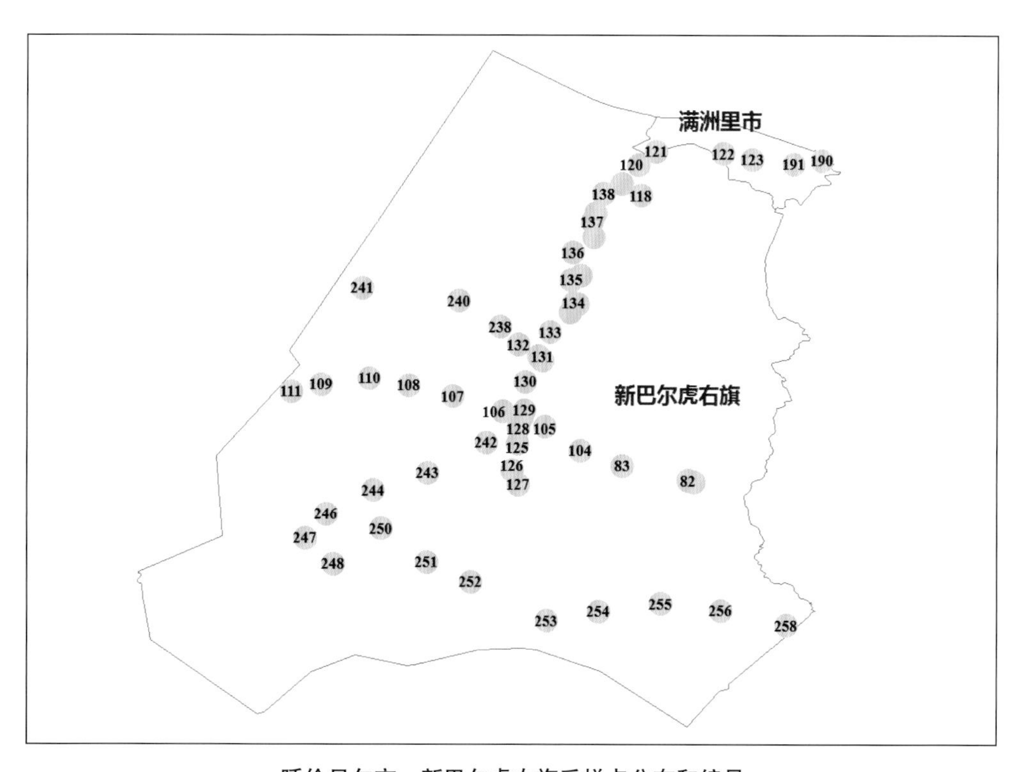

呼伦贝尔市·新巴尔虎右旗采样点分布和编号

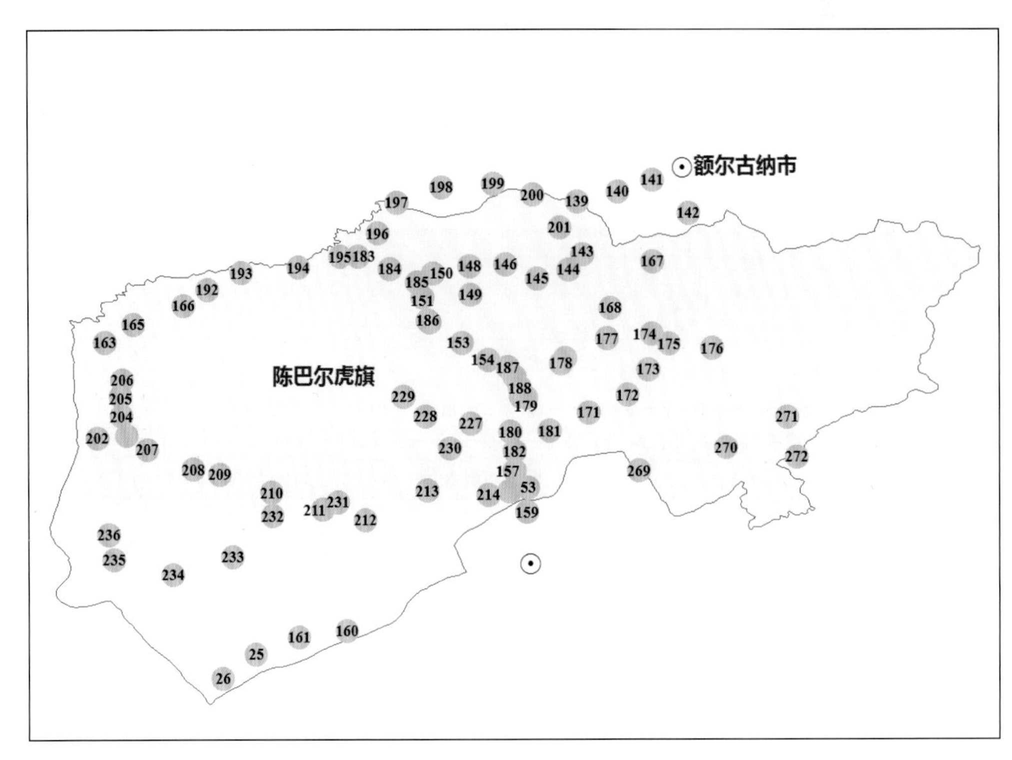

呼伦贝尔市 · 陈巴尔虎旗采样点分布和编号

呼伦贝尔市·鄂温克族自治旗

HL 001（49° 02'55.01"N，119° 32'46.67"E）2019.07.22

HL 002（48° 48'14.86"N，119° 15'14.83"E）2019.07.22

HL 003（48° 57'25.53"N，119° 19'05.11"E）2019.07.22

HL 004（48° 43'10.30"N，119° 01'04.10"E）2019.07.22

HL 005（48° 34'26.52"N，118° 58'31.49"E）2019.07.22

HL 005（48° 34'26.52"N，118° 58'31.49"E）2019.07.22

HL 006（48° 28'33.01"N，119° 09'15.18"E）2019.07.22

HL 007（48° 22'51.22"N，119° 06'02.73"E）2019.07.22

HL 007（48° 22'51.22"N，119° 06'02.73"E）2019.07.22

HL 007（48° 22'51.22"N，119° 06'02.73"E）2019.07.22

（采样点分布图见第 2 页）

呼伦贝尔市・鄂温克族自治旗

HL 007（48° 22'51.22"N，119° 06'02.73"E）2019.07.22

HL 007（48° 22'51.22"N，119° 06'02.73"E）2019.07.22

HL 008（48° 25'57.12"N，118° 59'12.70"E）2019.07.22

HL 008（48° 25'57.12"N，118° 59'12.70"E）2019.07.22

HL 008（48° 25'57.12"N，118° 59'12.70"E）2019.07.22

HL 009（48° 22'26.09"N，119° 09'33.45"E）2019.07.22

HL 010（48° 18'42.45"N，119° 14'33.96"E）2019.07.22

HL 011（48° 14'45.07"N，119° 16'07.60"E）2019.07.22

HL 011（48° 14'45.07"N，119° 16'07.60"E）2019.07.22

HL 011（48° 14'45.07"N，119° 16'07.60"E）2019.07.22

（采样点分布图见第 2 页）

呼伦贝尔市 · 鄂温克族自治旗

HL 011（48° 14'45.07"N，119° 16'07.60"E）2019.07.22

HL 012（48° 20'26.16"N，119° 13'43.60"E）2019.07.22

HL 013（48° 57'35.73"N，119° 18'29.89"E）2019.07.22

HL 014（49° 04'48.50"N，119° 43'47.51"E）2019.07.22

HL 018（48° 48'44.61"N，119° 38'07.45"E）2019.07.22

HL 014（49° 04'48.50"N，119° 43'47.51"E）2019.07.22

HL 015（48° 53'57.37"N，119° 47'31.65"E）2019.07.22

（采样点分布图见第 2 页）

呼伦贝尔市·鄂温克族自治旗

HL 016（48° 44'04.71"N，119° 46'01.41"E）2019.07.22

HL 017（48° 48'06.98"N，119° 47'31.04"E）2019.07.22

HL 018（48° 48'44.61"N，119° 38'07.45"E）2019.07.22

HL 019（48° 44'42.72"N，119° 35'17.01"E）2019.07.22

HL 020（48° 40'33.84"N，119° 30'32.80"E）2019.07.22

HL 021（48° 37'37.36"N，119° 23'46.50"E）2019.07.22

（采样点分布图见第 2 页）

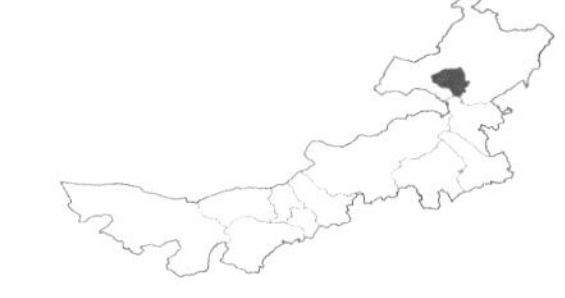

呼伦贝尔市 · 鄂温克族自治旗

HL 022（48° 35'31.26"N，119° 16'48.26"E）2019.07.22

HL 023（48° 31'32.81"N，119° 12'38.77"E）2019.07.22

HL 024（48° 26'05.34"N，119° 10'35.88"E）2019.07.22

HL 028（49° 06'29.55"N，119° 50'42.16"E）2019.07.22

HL 030（49° 09'24.19"N，120° 10'41.13"E）2019.07.22

HL 032（49° 11'54.63"N，120° 30'47.02"E）2019.07.22

HL 033（49° 05'31.15"N，120° 31'47.79"E）2019.07.22

（采样点分布图见第 2 页）

呼伦贝尔市 · 鄂温克族自治旗

HL 034（49° 03'08.42"N，120° 22'02.68"E）2019.07.22

HL 035（48° 54'21.06"N，120° 17'50.36"E）2019.07.22

HL 036（48° 48'05.34"N，120° 07'58.58"E）2019.07.22

HL 036（48° 48'05.34"N，120° 07'58.58"E）2019.07.22

HL 037（48° 47'08.64"N，119° 59'18.75"E）2019.07.22

HL 037（48° 47'08.64"N，119° 59'18.75"E）2019.07.22

HL 038（48° 48'24.82"N，119° 51'58.35"E）2019.07.22

HL 039（48° 42'37.17"N，119° 50'16.13"E）2019.07.22

HL 040（48° 36'15.12"N，119° 42'25.36"E）2019.07.22

（采样点分布图见第 2 页）

HL 041（48° 31'45.83"N，119° 34'31.26"E）2019.07.22

HL 042（48° 25'04.17"N，119° 17'11.41"E）2019.07.22

HL 043（49° 03'13.68"N，119° 43'23.82"E）2019.07.22

HL 044（48° 52'40.62"N，119° 48'13.41"E）2019.07.22

HL 045（48° 41'51.88"N，119° 45'05.50"E）2019.07.22

HL 046（48° 31'59.98"N，119° 46'01.14"E）2019.07.22

HL 047（48° 24'58.69"N，119° 46'11.88"E）2019.07.22

HL 048（48° 18'11.70"N，119° 53'09.88"E）2019.07.22

HL 049（48° 14'23.46"N，119° 57'55.53"E）2019.07.22

HL 050（48° 17'05.16"N，119° 44'47.12"E）2019.07.22

（采样点分布图见第 2 页）

呼伦贝尔市·鄂温克族自治旗

HL 051（48° 31'41.49"N，119° 34'10.95"E）2019.07.22

HL 052（48° 23'08.10"N，119° 13'36.32"E）2019.07.22

HL 215（48° 33'46.00"N，119° 58'08.00"E）2019.09.03

HL 218（48° 27'18.00"N，120° 32'13.00"E）2019.09.03

HL 216（48° 27'03.00"N，120° 08'32.00"E）2019.09.03

HL 219（48° 16'24.00"N，119° 55'41.00"E）2019.09.03

HL 217（48° 23'45.00"N，120° 19'37.00"E）2019.09.03

（采样点分布图见第 2 页）

HL 029（49° 12'03.13"N，119° 55'51.17"E）2019.07.22

HL 031（49° 12'33.37"N，120° 23'15.54"E）2019.07.22

HL 054（49° 21'20.61"N，119° 51'59.69"E）2019.09.15

HL 054（49° 21'20.61"N，119° 51'59.69"E）2019.07.26

HL 054（49° 21'20.61"N，119° 51'59.69"E）2019.07.26

HL 055（49° 18'46.76"N，119° 54'53.07"E）2019.07.26

HL 055（49° 18'46.76"N，119° 54'53.07"E）2019.07.26

HL 056（49° 18'46.00"N，119° 54'53.75"E）2019.07.26

（采样点分布图见第 2 页）

呼伦贝尔市·新巴尔虎左旗

HL 027（48° 42'51.41"N，118° 45'57.33"E）2019.07.22

HL 057（48° 14'34.09"N，118° 13'21.90"E）2019.07.23

HL 057（48° 14'34.09"N，118° 13'21.90"E）2019.07.23

HL 057（48° 14'34.09"N，118° 13'21.90"E）2019.07.23

HL 058（48° 21'00.92"N，118° 06'42.32"E）2019.07.23

HL 058（48° 21'00.92"N，118° 06'42.32"E）2019.07.23

HL 058（48° 21'00.92"N，118° 06'42.32"E）2019.07.23

（采样点分布图见第 3 页）

HL 059（48° 28'33.80"N，118° 02'45.07"E）2019.07.23

HL 059（48° 28'33.80"N，118° 02'45.07"E）2019.07.23

HL 060（48° 36'31.11"N，117° 55'55.05"E）2019.07.23

HL 060（48° 36'31.11"N，117° 55'55.05"E）2019.07.23

HL 060（48° 36'31.11"N，117° 55'55.05"E）2019.07.23

HL 061（48° 41'31.04"N，117° 58'30.89"E）2019.07.23

HL 062（48° 49'00.46"N，118° 03'53.42"E）2019.07.23

HL 062（48° 49'00.46"N，118° 03'53.42"E）2019.07.23

（采样点分布图见第 3 页）

呼伦贝尔市・新巴尔虎左旗

HL 062（48° 49'00.46"N，118° 03'53.42"E）2019.07.23

HL 062（48° 49'00.46"N，118° 03'53.42"E）2019.07.23

HL 063（48° 53'49.69"N，118° 01'17.83"E）2019.07.23

HL 064（48° 56'30.70"N，117° 50'31.65"E）2019.07.23

HL 064（48° 56'30.70"N，117° 50'31.65"E）2019.07.23

HL 064（48° 56'30.70"N，117° 50'31.65"E）2019.07.23

HL 065（49° 01'42.98"N，117° 48'00.46"E）2019.07.23

HL 066（49° 03'27.19"N，117° 47'31.03"E）2019.07.23

HL 067（48° 53'06.84"N，118° 06'50.47"E）2019.07.23

（采样点分布图见第 3 页）

HL 067（48° 53'06.84"N，118° 06'50.47"E）2019.07.23

HL 068（49° 01'15.07"N，118° 12'41.03"E）2019.07.23

HL 068（49° 01'15.07"N，118° 12'41.03"E）2019.07.23

HL 069（49° 11'22.86"N，118° 04'55.10"E）2019.07.23

HL 069（49° 11'22.86"N，118° 04'55.10"E）2019.07.23

HL 070（49° 16'57.26"N，118° 03'21.70"E）2019.07.23

HL 070（49° 16'57.26"N，118° 03'21.70"E）2019.07.23

HL 071（49° 20'45.73"N，118° 07'28.31"E）2019.07.23

HL 071（49° 20'45.73"N，118° 07'28.31"E）2019.07.23

（采样点分布图见第 3 页）

呼伦贝尔市·新巴尔虎左旗

HL 072（49° 27'15.45"N，118° 14'16.87"E）2019.07.23

HL 073（49° 31'11.53"N，117° 59'59.47"E）2019.07.24

HL 074（49° 36'15.09"N，118° 04'39.08"E）2019.07.24

HL 076（49° 44'40.02"N，118° 21'43.03"E）2019.07.24

HL 075（49° 40'01.68"N，118° 12'07.53"E）2019.07.24

HL 077（48° 12'30.80"N，118° 12'20.25"E）2019.07.23

HL 078（48° 17'11.44"N，118° 02'32.69"E）2019.07.23

（采样点分布图见第 3 页）

呼伦贝尔市 · 新巴尔虎左旗

HL 079（48° 21' 02.32"N，117° 51' 07.26"E）2019.07.23

HL 080（48° 23' 14.11"N，117° 38' 32.08"E）2019.07.23

HL 083（48° 29' 29.82"N，117° 09' 33.07"E）2019.07.23

HL 084（48° 43' 38.82"N，118° 46' 32.19"E）2019.07.23

HL 085（48° 38' 00.45"N，118° 43' 04.66"E）2019.07.23

HL 085（48° 38' 00.45"N，118° 43' 04.66"E）2019.07.23

HL 086（48° 32' 19.33"N，118° 39' 58.95"E）2019.07.23

（采样点分布图见第 3 页）

呼伦贝尔市 · 新巴尔虎左旗

HL 087（48° 26'31.65"N，118° 37'25.14"E）2019.07.23

HL 088（48° 13'37.53"N，118° 20'29.25"E）2019.07.23

HL 089（48° 08'30.54"N，118° 20'50.75"E）2019.07.23

HL 090（48° 02'52.48"N，118° 28'23.65"E）2019.07.23

HL 091（47° 56'08.67"N，118° 41'20.11"E）2019.07.23

HL 092（47° 50'31.89"N，118° 55'18.43"E）2019.07.23

HL 093（47° 45'51.05"N，119° 08'34.92"E）2019.07.23

HL 094（48° 23'53.97"N，118° 36'03.61"E）2019.07.22

HL 095（48° 19'41.58"N，118° 30'23.40"E）2019.07.22

（采样点分布图见第 3 页）

HL 096（48° 15'27.24"N，118° 26'01.46"E）2019.07.22

HL 097（48° 13'50.92"N，118° 14'04.48"E）2019.07.22

HL 098（48° 17'56.94"N，118° 09'55.73"E）2019.07.23

HL 099（48° 20'29.87"N，118° 07'39.01"E）2019.07.23

HL 100（48° 20'39.28"N，117° 59'10.98"E）2019.07.23

HL 101（48° 21'03.99"N，117° 50'51.37"E）2019.07.23

HL 102（48° 22'26.39"N，117° 41'06.34"E）2019.07.23

HL 103（49° 27'07.98"N，118° 17'33.08"E）2019.07.24

（采样点分布图见第 3 页）

呼伦贝尔市 · 新巴尔虎左旗

HL 162（49° 45'44.93"N，118° 29'29.52"E）2019.07.24

HL 189（49° 29'16.66"N，117° 58'43.62"E）2019.07.24

HL 220（48° 46'08.00"N，118° 35'41.00"E）2019.09.20

HL 221（48° 47'55.00"N，118° 27'48.00"E）2019.09.20

HL 222（48° 44'42.00"N，118° 21'25.00"E）2019.09.20

HL 222（48° 44'42.00"N，118° 21'25.00"E）2019.09.20

HL 222（48° 44'42.00"N，118° 21'25.00"E）2019.09.20

HL 224（48° 32'35.00"N，118° 16'30.00"E）2019.09.20

（采样点分布图见第 3 页）

呼伦贝尔市·新巴尔虎左旗

HL 223（48° 37'40.00"N，118° 16'54.00"E）2019.09.20

HL 225（48° 27'08.00"N，118° 18'07.00"E）2019.09.20

HL 226（48° 20'42.00"N，118° 14'38.00"E）2019.09.20

HL 259（48° 41'26.00"N，118° 41'39.00"E）2019.09.24

HL 261（48° 02'01.00"N，119° 04'37.00"E）2019.09.24

HL 262（47° 59'31.00"N，119° 14'55.00"E）2019.09.24

HL 264（47° 51'22.00"N，119° 16'22.00"E）2019.09.24

HL 266（47° 55'19.00"N，119° 30'59.00"E）2019.09.24

（采样点分布图见第 3 页）

呼伦贝尔市·新巴尔虎右旗

HL 081（48° 26'19.52"N，117° 23'59.02"E）2019.07.23

HL 082（48° 26'33.68"N，117° 22'44.14"E）2019.07.23

HL 104（48° 32'24.03"N，117° 01'04.66"E）2019.07.23

HL 106（48° 40'03.99"N，116° 45'24.45"E）2019.07.23

HL 105（48° 37'12.60"N，116° 54'01.26"E）2019.07.23

HL 107（48° 43'03.48"N，116° 35'10.80"E）2019.07.23

HL 108（48° 45'14.16"N，116° 26'15.11"E）2019.07.23

HL 109（48° 45'26.13"N，116° 08'36.62"E）2019.07.23

HL 110（48° 46'38.65"N，116° 18'18.58"E）2019.07.23

（采样点分布图见第 3 页）

呼伦贝尔市 · 新巴尔虎右旗

HL 111（48° 44'01.64"N，116° 02'37.43"E）2019.07.23

HL 112（48° 50'06.61"N，116° 53'27.84"E）2019.07.24

HL 112（48° 50'06.61"N，116° 53'27.84"E）2019.07.24

HL 113（48° 59'34.18"N，116° 59'07.23"E）2019.07.24

HL 113（48° 59'34.18"N，116° 59'07.23"E）2019.07.24

HL 114（49° 01'03.65"N，117° 00'36.81"E）2019.07.24

HL 115（49° 06'42.41"N，117° 01'14.82"E）2019.07.24

HL 116（49° 14'13.84"N，117° 03'44.36"E）2019.07.24

（采样点分布图见第 3 页）

呼伦贝尔市·新巴尔虎右旗

HL 117（49° 18'55.17"N，117° 04'12.74"E）2019.07.24

HL 119（49° 24'50.73"N，117° 09'19.64"E）2019.07.24

HL 118（49° 22'26.77"N，117° 13'11.53"E）2019.07.24

HL 120（49° 28'24.69"N，117° 12'40.51"E）2019.07.24

HL 124（48° 38'49.80"N，116° 49'19.91"E）2019.07.23

HL 125（48° 33'53.05"N，116° 48'25.27"E）2019.07.23

HL 126（48° 28'35.22"N，116° 47'14.89"E）2019.07.23

HL 127（48° 25'50.14"N，116° 48'37.51"E）2019.07.23

（采样点分布图见第 3 页）

HL 128（48° 36'48.30"N，116° 48'32.28"E）2019.07.23

HL 129（48° 40'19.12"N，116° 49'45.84"E）2019.07.23

HL 130（48° 45'52.20"N，116° 49'59.41"E）2019.07.24

HL 131（48° 50'53.90"N，116° 52'36.30"E）2019.07.24

HL 131（48° 50'53.90"N，116° 52'36.30"E）2019.07.24

HL 132（48° 53'10.53"N，116° 48'32.28"E）2019.07.24

HL 132（48° 53'10.53"N，116° 48'32.28"E）2019.07.24

HL 133（48° 55'37.63"N，116° 55'06.11"E）2019.07.24

HL 133（48° 55'37.63"N，116° 55'06.11"E）2019.07.24

HL 134（49° 01'22.61"N，116° 59'42.48"E）2019.07.24

（采样点分布图见第 3 页）

呼伦贝尔市 · 新巴尔虎右旗

HL 135（49° 05'55.14"N，116° 59'11.47"E）2019.07.24

HL 136（49° 11'14.47"N，116° 59'32.96"E）2019.07.24

HL 137（49° 17'19.61"N，117° 03'28.57"E）2019.07.24

HL 138（49° 22'46.11"N，117° 05'42.14"E）2019.07.24

HL 239（49° 01'45.00"N，116° 36'30.00"E）2019.09.22

HL 240（49° 01'45.00"N，116° 36'30.00"E）2019.09.22

HL 241（49° 04'22.00"N，116° 16'49.00"E）2019.09.22

HL 242（48° 33'59.00"N，116° 42'10.00"E）2019.09.23

（采样点分布图见第 3 页）

HL 243（48° 28'02.00"N，116° 30'13.00"E）2019.09.23

HL 244（48° 24'39.00"N，116° 19'07.00"E）2019.09.23

HL 245（48° 20'03.00"N，116° 09'42.00"E）2019.09.23

HL 246（48° 20'03.00"N，116° 09'42.00"E）2019.09.23

HL 246（48° 20'03.00"N，116° 09'42.00"E）2019.09.23

HL 246（48° 20'03.00"N，116° 09'42.00"E）2019.09.23

HL 247（48° 15'19.00"N，116° 05'33.00"E）2019.09.23

HL 248（48° 10'12.00"N，116° 11'04.00"E）2019.09.23

（采样点分布图见第 3 页）

呼伦贝尔市·新巴尔虎右旗

HL 251（48° 10'34.00"N，116° 30'04.00"E）2019.09.23

HL 252（48° 06'44.00"N，116° 38'51.00"E）2019.09.23

HL 253（47° 59'07.00"N，116° 54'22.00"E）2019.09.23

HL 255（48° 02'25.00"N，117° 17'19.00"E）2019.09.23

HL 256（48° 01'06.00"N，117° 29'23.00"E）2019.09.23

HL 257（47° 58'13.00"N，117° 42'34.00"E）2019.09.23

（采样点分布图见第 3 页）

HL 121（49° 31'07.66"N，117° 16'11.84"E）2019.07.24

HL 122（49° 30'40.53"N，117° 29'41.61"E）2019.07.24

HL 123（49° 29'27.79"N，117° 35'30.93"E）2019.07.24

HL 190（49° 29'19.11"N，117° 49'38.52"E）2019.07.24

HL 191（49° 28'38.03"N，117° 43'53.19"E）2019.07.24

（采样点分布图见第 3 页）

呼伦贝尔市 · 陈巴尔虎旗

HL 025（48° 52'54.74"N，118° 56'14.67"E）2019.07.22

HL 026（48° 48'48.63"N，118° 50'18.63"E）2019.07.22

HL 053（49° 21'06.11"N，119° 43'57.03"E）2019.07.26

HL 143（50° 00'34.75"N，119° 53'30.54"E）2019.07.25

HL 144（49° 58'02.42"N，119° 51'08.37"E）2019.07.25

HL 144（49° 58'02.42"N，119° 51'08.37"E）2019.07.25

（采样点分布图见第 4 页）

HL 145（49° 56'33.03"N，119° 45'38.04"E）2019.07.25

HL 145（49° 56'33.03"N，119° 45'38.04"E）2019.07.25

HL 146（49° 59'00.94"N，119° 40'12.09"E）2019.07.25

HL 147（49° 58'37.76"N，119° 34'02.23"E）2019.07.25

HL 148（49° 53'48.75"N，119° 34'07.82"E）2019.07.25

HL 149（49° 57'24.57"N，119° 27'31.39"E）2019.07.25

HL 150（49° 53'22.90"N，119° 25'50.95"E）2019.07.25

HL 151（49° 49'02.49"N，119° 27'00.83"E）2019.07.25

（采样点分布图见第 4 页）

呼伦贝尔市·陈巴尔虎旗

HL 152（49° 45'38.58"N，119° 32'40.30"E）2019.07.25

HL 153（49° 42'45.04"N，119° 37'12.57"E）2019.07.25

HL 154（49° 39'46.80"N，119° 41'40.28"E）2019.07.25

HL 155（49° 36'26.31"N，119° 42'41.05"E）2019.07.25

HL 156（49° 23'51.85"N，119° 41'39.15"E）2019.07.25

HL 157（49° 20'23.71"N，119° 40'46.90"E）2019.07.25

HL 158（49° 16'55.06"N，119° 43'50.78"E）2019.07.25

HL 159（48° 56'49.40"N，119° 12'29.31"E）2019.09.15

HL 159（48° 56'49.40"N，119° 12'29.31"E）2019.07.22

HL 160（48° 55'44.33"N，119° 04'00.71"E）2019.07.22

（采样点分布图见第 4 页）

呼伦贝尔市·陈巴尔虎旗

HL 161（48° 15'50.11"N，118° 26'58.32"E）2019.07.22

HL 163（49° 48'47.38"N，118° 34'32.92"E）2019.07.24

HL 164（49° 52'01.39"N，118° 43'24.02"E）2019.07.24

HL 165（49° 59'23.73"N，120° 05'52.03"E）2019.07.25

HL 165（49° 59'23.73"N，120° 05'52.03"E）2019.07.25

HL 165（49° 59'23.73"N，120° 05'52.03"E）2019.07.25

HL 166（49° 51'31.12"N，119° 58'25.81"E）2019.07.25

HL 167（49° 43'00.93"N，119° 50'27.83"E）2019.07.25

HL 168（49° 20'22.11"N，119° 40'47.95"E）2019.07.25

HL 169（49° 33'45.32"N，119° 54'39.28"E）2019.07.26

（采样点分布图见第 4 页）

呼伦贝尔市 · 陈巴尔虎旗

HL 170（49° 36'45.82"N，120° 01'20.23"E）2019.07.26

HL 171（49° 41'03.67"N，120° 05'06.48"E）2019.07.26

HL 172（49° 47'05.40"N，120° 05'42.45"E）2019.07.26

HL 172（49° 47'05.40"N，120° 05'42.45"E）2019.07.26

HL 172（49° 47'05.40"N，120° 05'42.45"E）2019.07.26

HL 173（49° 45'24.90"N，120° 08'41.88"E）2019.07.26

HL 173（49° 45'24.90"N，120° 08'41.88"E）2019.07.26

HL 173（49° 45'24.90"N，120° 08'41.88"E）2019.07.26

HL 174（49° 44'39.86"N，120° 16'15.46"E）2019.07.26

（采样点分布图见第 4 页）

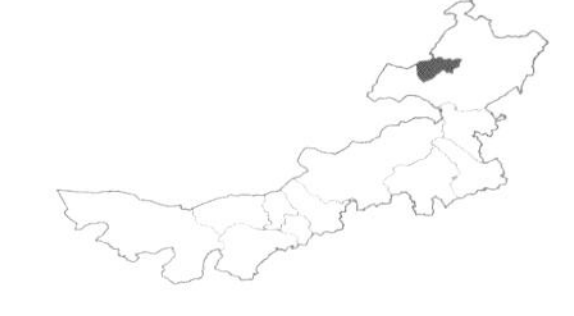

呼伦贝尔市 · 陈巴尔虎旗

HL 174（49° 44'39.86"N，120° 16'15.46"E）2019.07.26

HL 175（49° 46'18.40"N，119° 57'46.00"E）2019.07.26

HL 176（49° 42'07.57"N，119° 49'39.65"E）2019.07.26

HL 177（49° 36'21.01"N，119° 43'41.34"E）2019.07.26

HL 178（49° 30'32.01"N，119° 40'53.04"E）2019.07.26

HL 179（49° 30'40.70"N，119° 47'43.71"E）2019.07.26

HL 180（49° 27'11.94"N，119° 41'45.49"E）2019.07.26

HL 181（50° 00'20.51"N，119° 14'36.82"E）2019.07.25

（采样点分布图见第 4 页）

呼伦贝尔市·陈巴尔虎旗

HL 182（49° 58'12.85"N，119° 20'07.72"E）2019.07.25

HL 183（49° 55'58.68"N，119° 24'50.63"E）2019.07.25

HL 184（49° 49'23.71"N，119° 26'37.20"E）2019.07.25

HL 185（49° 41'26.98"N，119° 40'27.98"E）2019.07.25

HL 186（49° 37'58.72"N，119° 42'37.48"E）2019.07.26

HL 187（47° 40'01.50"N，119° 17'02.29"E）2019.07.24

HL 188（49° 28'26.59"N，118° 06'57.56"E）2019.07.24

HL 188（49° 28'26.59"N，118° 06'57.56"E）2019.07.24

HL 192（49° 54'41.86"N，118° 47'47.07"E）2019.07.24

HL 193（49° 57'31.03"N，118° 53'50.99"E）2019.07.24

（采样点分布图见第 4 页）

HL 194（49° 58'27.16"N，119° 04'00.60"E）2019.07.24

HL 195（50° 00'16.81"N，119° 11'25.37"E）2019.07.24

HL 196（50° 04'11.88"N，119° 18'05.32"E）2019.07.24

HL 197（50° 09'28.57"N，119° 21'24.23"E）2019.07.24

HL 200（50° 10'43.01"N，119° 44'54.95"E）2019.07.24

HL 201（50° 05'09.16"N，119° 49'32.36"E）2019.07.24

HL 202（49° 29'30.42"N，118° 28'05.94"E）2019.07.25

HL 203（49° 30'01.55"N，118° 33'14.16"E）2019.07.25

HL 204（49° 33'23.04"N，118° 32'24.60"E）2019.07.25

HL 205（49° 36'35.97"N，118° 32'18.69"E）2019.07.25

（采样点分布图见第 4 页）

呼伦贝尔市·陈巴尔虎旗

HL 206（49° 39'25.39"N，118° 32'32.61"E）2019.07.25

HL 207（49° 27'33.95"N，118° 36'57.49"E）2019.07.25

HL 208（49° 24'11.62"N，118° 45'11.78"E）2019.07.25

HL 209（49° 23'20.41"N，118° 49'53.85"E）2019.07.25

HL 210（49° 20'15.21"N，118° 59'06.75"E）2019.07.25

HL 211（49° 17'20.74"N，119° 08'09.38"E）2019.07.25

HL 212（49° 15'37.49"N，119° 15'43.62"E）2019.07.25

HL 213（49° 20'32.55"N，119° 26'34.55"E）2019.07.25

HL 214（49° 19'50.79"N，119° 37'08.73"E）2019.07.25

HL 227（49° 31'57.00"N，119° 34'08.00"E）2019.09.21

（采样点分布图见第 4 页）

HL 228（49° 33'12.00"N，119° 26'10.00"E）2019.09.21

HL 229（49° 36'30.00"N，119° 22'30.00"E）2019.09.21

HL 230（49° 27'47.00"N，119° 30'30.00"E）2019.09.21

HL 230（49° 27'47.00"N，119° 30'30.00"E）2019.09.21

HL 231（49° 18'36.00"N，119° 10'52.00"E）2019.09.21

HL 232（49° 16'17.00"N，118° 59'14.00"E）2019.09.21

HL 232（49° 16'17.00"N，118° 59'14.00"E）2019.09.21

（采样点分布图见第 4 页）

呼伦贝尔市 · 陈巴尔虎旗

HL 233（49° 09'24.00"N，118° 52'03.00"E）2019.09.21

HL 234（49° 06'23.00"N，118° 41'27.00"E）2019.09.21

HL 234（49° 06'23.00"N，118° 41'27.00"E）2019.09.21

HL 235（49° 08'59.00"N，118° 30'59.00"E）2019.09.21

HL 237（49° 13'17.00"N，118° 19'57.00"E）2019.09.21

HL 270（49° 27'50.00"N，120° 18'42.00"E）2019.09.26

HL 271（49° 33'02.00"N，120° 29'29.00"E）2019.09.26

HL 272（49° 26'16.00"N，120° 31'12.00"E）2019.09.26

（采样点分布图见第 4 页）

呼伦贝尔市 · 额尔古纳市

HL 139（50° 09 ' 34.06 " N，119° 52 ' 39.85 " E）2019.07.25

HL 140（50° 11 ' 15.00 " N，119° 59 ' 42.11 " E）2019.07.25

HL 141（50° 13 ' 14.42 " N，120° 05 ' 46.44 " E）2019.07.25

HL 142（50° 07 ' 33.97 " N，120° 12 ' 13.67 " E）2019.07.25

HL 196（50° 04 ' 11.88 " N，119° 18 ' 05.32 " E）2019.07.24

HL 197（50° 09 ' 28.57 " N，119° 21 ' 24.23 " E）2019.07.24

HL 198（50° 12 ' 01.38 " N，119° 29 ' 05.33 " E）2019.07.24

HL 199（50° 12 ' 35.97 " N，119° 38 ' 04.45 " E）2019.07.24

（采样点分布图见第 4 页）

兴安盟草原图鉴

● 草原科考队成员

内蒙古大学生命科学学院2017级硕士研究生王一开、郭聪颖；2018级硕士研究生金曦玮、董艳兵、季成、周美玲。

● 草原科考队土样采集地区

科尔沁右翼前旗、科尔沁右翼中旗、突泉县。

途经乌兰浩特市。

● 队员感言

转眼间，距离我第1次“出征”已经过去4个月了，时光飞逝，不知道再看到这本书时时间又悄悄溜走了多久，那个时候的我又变成了什么样子，只希望多少年后这份美好的回忆突然出现在脑海中时，拿起这本书的我还可以回到2019年的夏秋，还可以回想起面对广阔大草原时内心的波涛汹涌，还可以回想起一路上和大家在一起的点点滴滴、欢声笑语，还可以回想起这一路上同学、老师给予我的力量和面对困难的勇气，这些都是我青春的证明。

——金曦玮

从草原科考中回过神来时，这项工作已经结束，3个月完成科考，我们做到了。这次科考行动让我深刻体会到科研生活与社会实践结合起来、为社会服务的乐趣，科研不再限于实验室，而是深入基层，为牧民、为自治区、为国家解决实际问题，我觉得这是件很有意义的事情。

——周美玲

虽为内蒙古人，在之前草原却是我一直未曾踏足过的地方。人生总有些偶然不期而遇，感谢祁智老师给予了我这次机会真正地感受草原的魅力，感受自然脉动。真正走近草原，才真正感受到老舍眼中的草原，天空比别处的更可爱，草原与天空相互映衬，一碧千里，到处翠色欲流，轻轻流入天际。这样的草原固然更美，但有些退化中的草原更牵动我的心。一路上我们用双眼记录，用双脚丈量，细细感受草原脉动的同时也发现我们的工作对于保护草原有多么重要。即使作为团队中小小一员，我仍旧为可以尽献微薄力量而自豪。

——郭聪颖

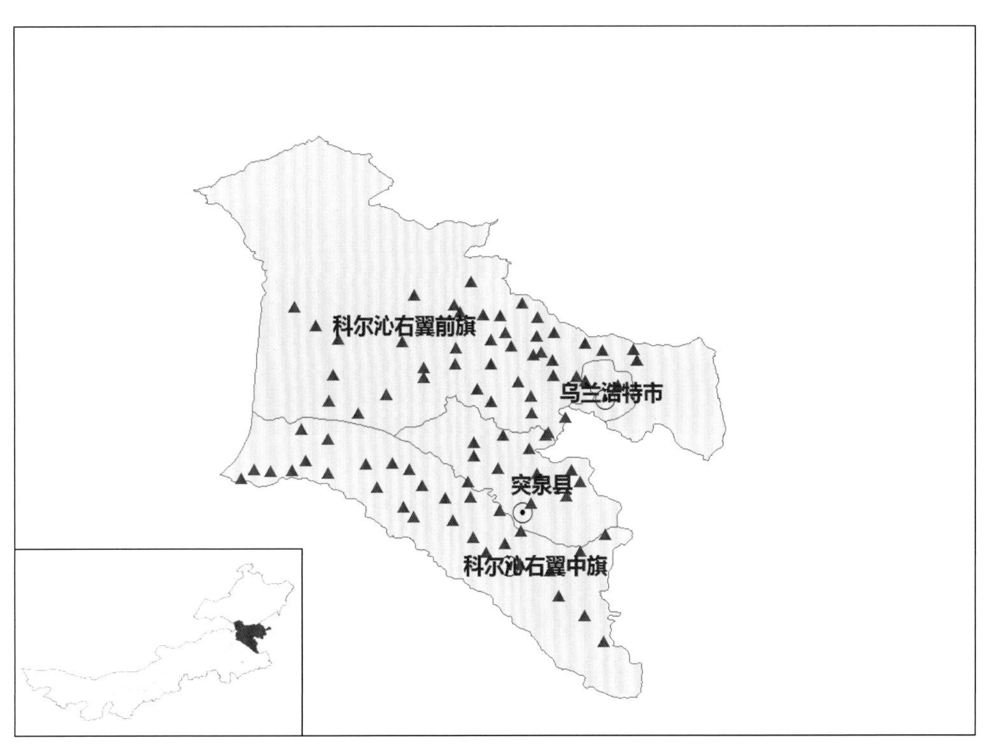

兴安盟土样采集点分布

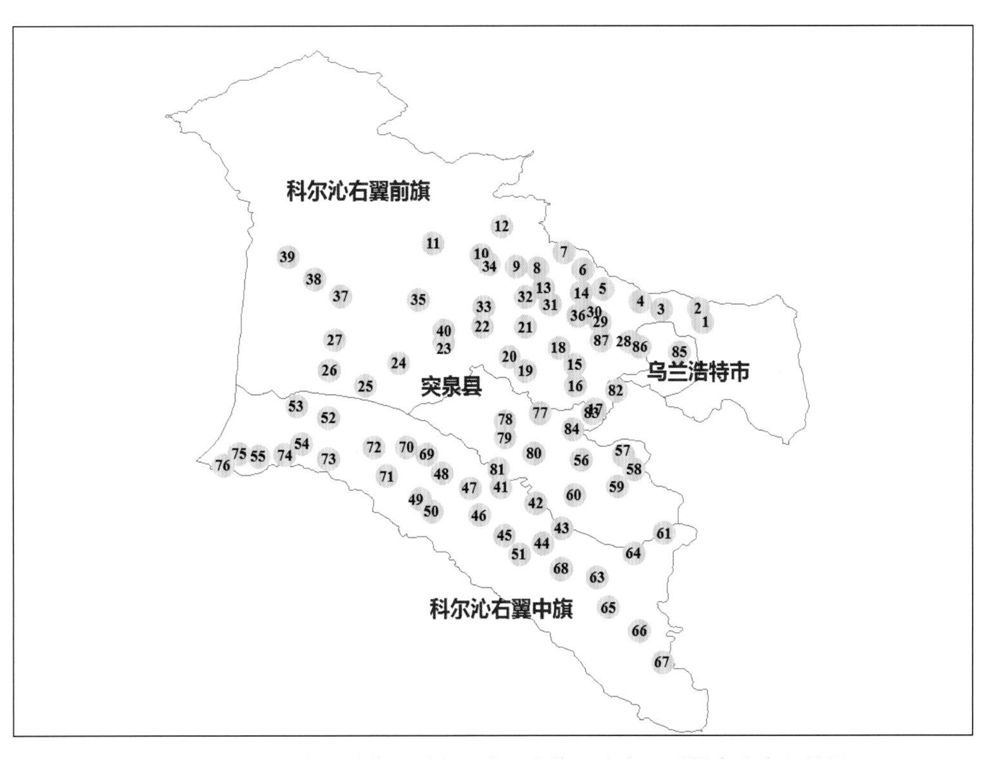

兴安盟·科尔沁右翼前旗、科尔沁右翼中旗、突泉县采样点分布和编号

兴安盟·科尔沁右翼前旗

XA 001（46° 18'12.22"N，122° 16'02.84"E）2019.09.03

XA 002（46° 22'08.02"N，122° 14'42.59"E）2019.09.03

XA 003（46° 21'47.20"N，122° 03'12.63"E）2019.09.03

XA 004（46° 24'19.24"N，121° 56'38.45"E）2019.09.03

XA 005（46° 28'03.15"N，121° 45'01.87"E）2019.09.03

XA 006（46° 33'47.82"N，121° 38'54.60"E）2019.09.03

XA 007（46° 38'54.09"N，121° 32'59.32"E）2019.09.03

XA 008（46° 34'09.38"N，121° 24'46.20"E）2019.09.03

（采样点分布图见第 45 页）

兴安盟·科尔沁右翼前旗

XA 009（46° 34'45.42"N，121° 18'09.21"E）2019.09.03

XA 010（46° 38'05.14"N，121° 07'11.16"E）2019.09.03

XA 011（46° 41'40.73"N，120° 51'57.79"E）2019.09.03

XA 012（46° 46'41.55"N，121° 13'36.18"E）2019.09.03

XA 013（46° 28'16.92"N，121° 26'37.06"E）2019.09.03

XA 014（46° 26'47.85"N，121° 38'26.12"E）2019.09.03

XA 015（46° 05'17.91"N，121° 36'15.80"E）2019.09.04

XA 016（45° 59'00.68"N，121° 36'37.38"E）2019.09.04

（采样点分布图见第 45 页）

兴安盟·科尔沁右翼前旗

XA 017（45° 51'53.74"N，121° 42'44.49"E）2019.09.04

XA 018（46° 10'17.23"N，121° 31'21.13"E）2019.09.05

XA 019（46° 03'22.46"N，121° 21'06.48"E）2019.09.05

XA 020（46° 07'44.17"N，121° 15'56.44"E）2019.09.05

XA 021（46° 16'39.58"N，121° 21'00.60"E）2019.09.05

XA 022（46° 16'52.26"N，121° 07'22.38"E）2019.09.05

XA 023（46° 11'51.66"N，120° 55'24.16"E）2019.09.05

XA 024（46° 05'52.06"N，120° 41'16.72"E）2019.09.05

（采样点分布图见第 45 页）

XA 025（45° 59'02.58"N，120° 30'42.51"E）2019.09.05

XA 026（46° 03'39.43"N，120° 19'35.56"E）2019.09.05

XA 027（46° 12'49.31"N，120° 21'08.65"E）2019.09.05

XA 028（46° 12'10.87"N，121° 53'25.96"E）2019.09.03

XA 029（46° 18'07.80"N，121° 44'22.11"E）2019.09.03

XA 030（46° 21'02.58"N，121° 40'08.48"E）2019.09.03

XA 031（46° 23'23.04"N，121° 28'52.87"E）2019.09.03

XA 032（46° 25'35.37"N，121° 21'07.23"E）2019.09.03

XA 033（46° 22'44.23"N，121° 07'53.15"E）2019.09.03

XA 034（46° 35'35.89"N，121° 09'24.46"E）2019.09.03

（采样点分布图见第 45 页）

兴安盟·科尔沁右翼前旗

XA 035（46° 24'53.51"N，120° 47'18.02"E）2019.09.03

XA 036（46° 19'57.75"N，121° 37'23.16"E）2019.09.03

XA 037（46° 25'48.43"N，120° 23'01.60"E）2019.09.03

XA 038（46° 30'53.50"N，120° 14'50.49"E）2019.09.03

XA 039（46° 37'36.61"N，120° 06'37.47"E）2019.09.03

XA 040（46° 15'33.01"N，120° 55'24.33"E）2019.09.03

XA 082（45° 57'27.73"N，121° 49'17.74"E）2019.09.04

XA 087（46° 12'32.38"N，121° 44'37.10"E）2019.09.04

（采样点分布图见第 45 页）

XA 041（45° 28'37.08"N，121° 13'19.54"E）2019.09.04

XA 042（45° 23'47.79"N，121° 24'20.32"E）2019.09.04

XA 043（45° 16'22.80"N，121° 32'15.84"E）2019.09.04

XA 044（45° 11'49.15"N，121° 26'18.39"E）2019.09.04

XA 045（45° 14'07.50"N，121° 14'20.69"E）2019.09.04

XA 046（45° 20'11.51"N，121° 06'31.80"E）2019.09.04

XA 047（45° 28'19.42"N，121° 03'33.51"E）2019.09.04

XA 048（45° 32'45.52"N，120° 54'42.96"E）2019.09.04

（采样点分布图见第 45 页）

兴安盟 · 科尔沁右翼中旗

XA 049（45° 25'02.80"N，120° 47'46.26"E）2019.09.04

XA 050（45° 21'30.02"N，120° 51'32.40"E）2019.09.04

XA 051（45° 08'34.38"N，121° 19'01.48"E）2019.09.04

XA 052（45° 49'30.15"N，120° 19'20.71"E）2019.09.05

XA 053（45° 53'03.36"N，120° 09'13.78"E）2019.09.05

XA 054（45° 41'46.45"N，120° 10'56.39"E）2019.09.05

XA 055（45° 38'00.00"N，119° 57'30.87"E）2019.09.05

XA 061（45° 14'50.33"N，121° 64'06.82"E）2019.09.04

（采样点分布图见第 45 页）

兴安盟 · 科尔沁右翼中旗

XA 062（45° 04'03.06"N，121° 32'06.66"E）2019.09.04

XA 063（45° 01'35.10"N，121° 43'17.06"E）2019.09.04

XA 064（45° 08'56.69"N，121° 54'37.23"E）2019.09.04

XA 065（44° 52'41.49"N，121° 46'48.36"E）2019.09.04

XA 066（44° 45'36.40"N，121° 56'22.59"E）2019.09.04

XA 067（44° 36'14.29"N，122° 03'25.74"E）2019.09.04

XA 068（45° 04'17.49"N，121° 32'07.51"E）2019.09.04

XA 069（45° 38'30.45"N，120° 50'04.11"E）2019.09.05

（采样点分布图见第 45 页）

兴安盟·科尔沁右翼中旗

XA 070（45° 40'45.15"N，120° 43'38.49"E）2019.09.05

XA 071（45° 32'00.55"N，120° 37'32.02"E）2019.09.05

XA 072（45° 40'40.32"N，120° 33'33.04"E）2019.09.05

XA 073（45° 37'15.97"N，120° 19'19.15"E）2019.09.05

XA 074（45° 38'22.24"N，120° 05'41.92"E）2019.09.05

XA 075（45° 38'43.89"N，119° 51'25.82"E）2019.09.05

XA 076（45° 35'20.50"N，119° 46'30.10"E）2019.09.05

（采样点分布图见第 45 页）

兴安盟 · 突泉县

XA 056（45° 36'49.85"N，121° 38'30.99"E）2019.09.04

XA 057（45° 38'16.74"N，121° 51'27.64"E）2019.09.04

XA 058（45° 34'02.32"N，121° 54'48.88"E）2019.09.04

XA 059（45° 28'47.17"N，121° 49'33.00"E）2019.09.04

XA 060（45° 26'13.31"N，121° 36'09.81"E）2019.09.04

XA 077（45° 50'53.07"N，121° 25'33.03"E）2019.09.04

XA 078（45° 48'25.93"N，121° 14'39.47"E）2019.09.04

XA 079（45° 43'28.84"N，121° 14'30.42"E）2019.09.04

（采样点分布图见第 45 页）

兴安盟・突泉县

XA 080（45° 38'46.38"N，121° 23'49.81"E）2019.09.04

XA 081（45° 34'07.20"N，121° 12'25.07"E）2019.09.04

XA 083（45° 50'49.65"N，121° 41'47.09"E）2019.09.04

XA 084（45° 46'06.51"N，121° 35'39.54"E）2019.09.04

（采样点分布图见第 45 页）

通辽市草原图鉴

● 草原科考队成员

内蒙古大学生命科学学院2018级硕士研究生金曦玮、董艳兵；内蒙古民族大学农学院本科生邓孝琛、杨蕊、贾耀辰、李瑞丽、包蕊莹、代荣宇、程耀坤、曹思琪。

● 草原科考队土样采集地区

科尔沁左翼中旗、科尔沁左翼后旗、扎鲁特旗。

途经科尔沁区、霍林郭勒市。

● 队员感言

2019年的夏天，我经历了一场特殊的旅行，它像我们曾经向往的一般，一辆车，几个人，放下冗余，说走就走，直奔草原。它又和我们向往的不太一样，迷失方向，四野荒芜，车竟然也动弹不得……但我的伙伴从80后到90后再到00后，这是拥有无限力量，掌握未来方向的群体，我们最终克服困难，带着一袋又一袋的土壤从草原回到校园。

那年夏天，在草原上，有一群人，从青绿到枯黄，从萍水到熟知，就这样走遍内蒙古，看遍大草原。我不是“董小姐”，但现在有故事讲……

——董艳兵

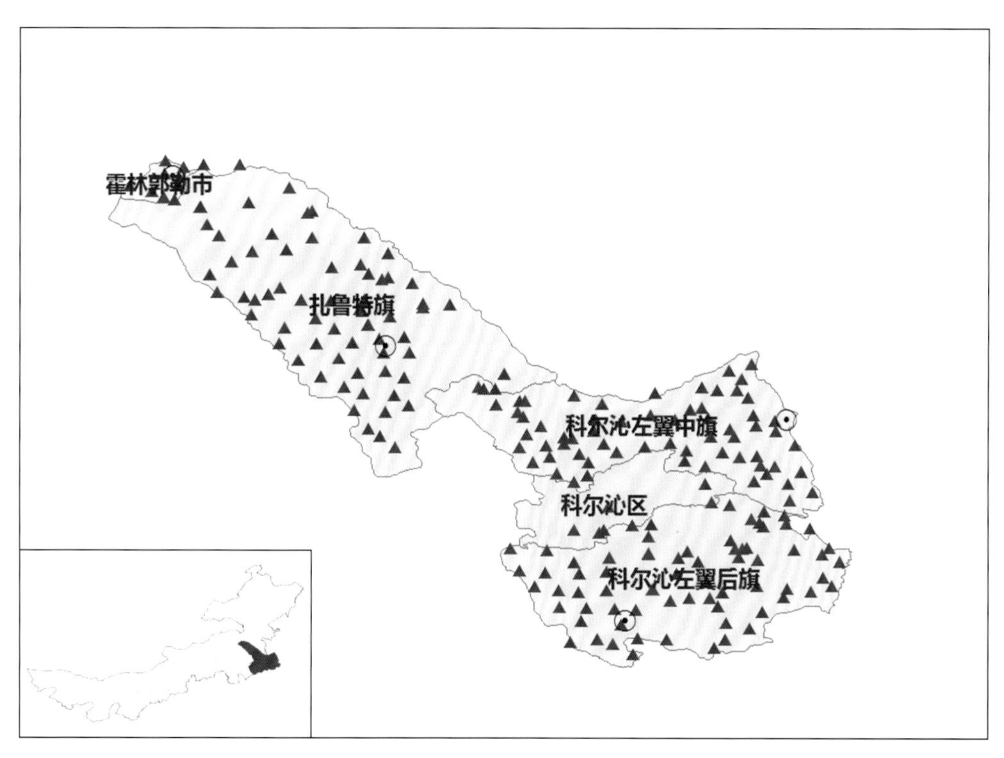

通辽市土样采集点分布

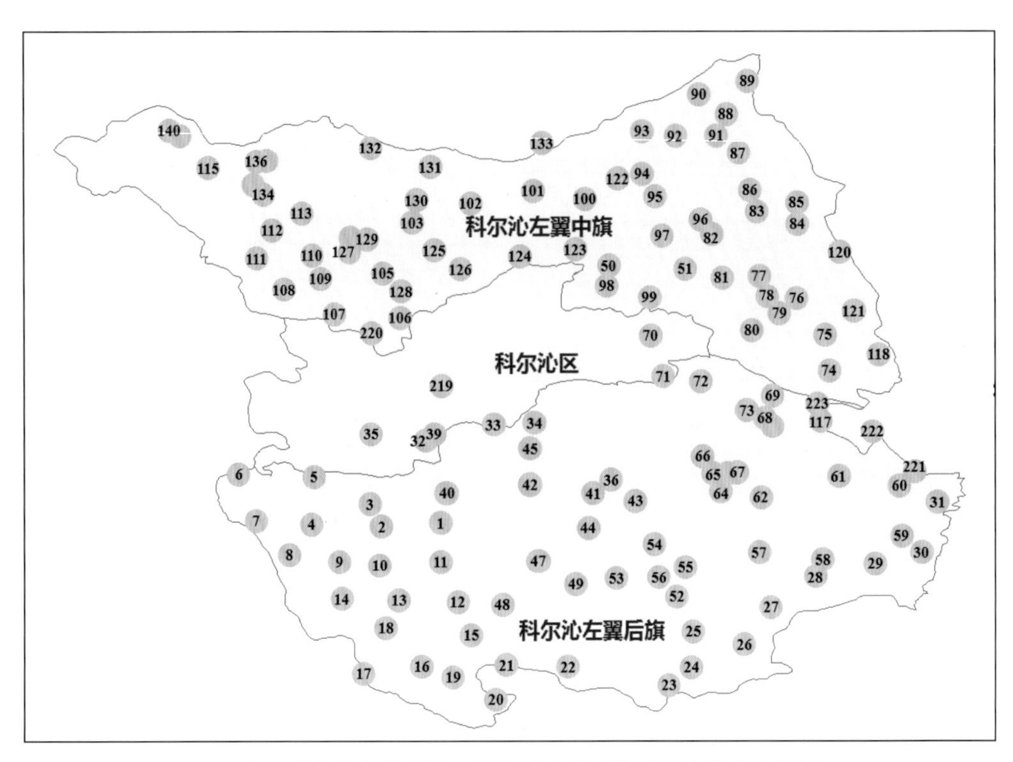

通辽市・科尔沁左翼中旗、科尔沁左翼后旗采样点分布和编号

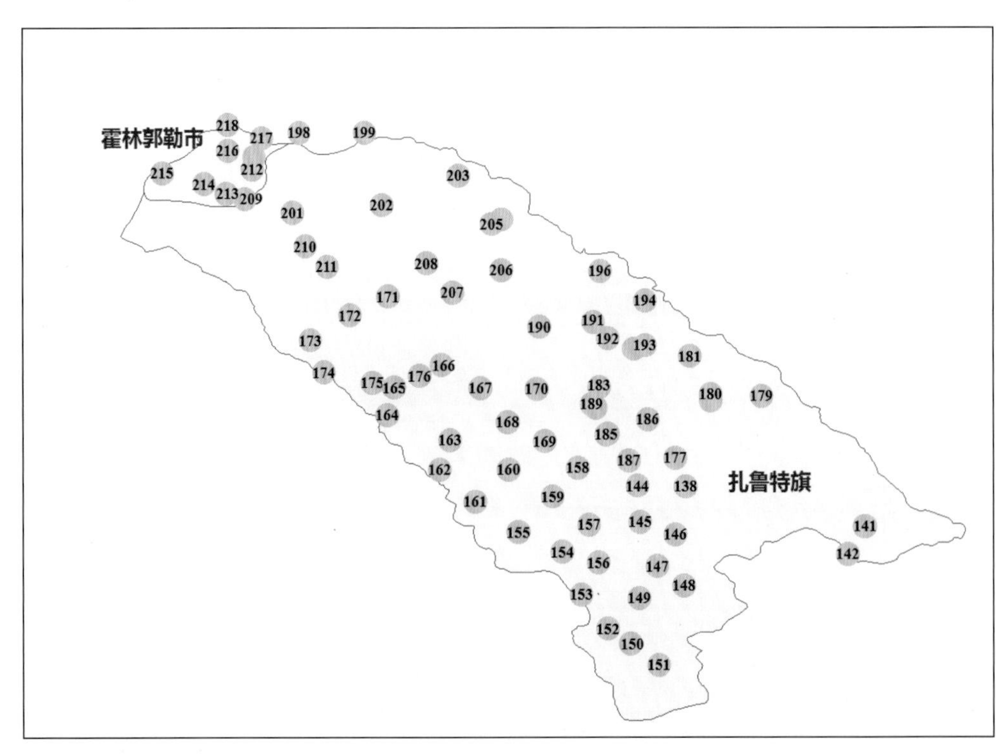

通辽市・扎鲁特旗采样点分布和编号

通辽市 · 科尔沁左翼后旗

TL 001（43° 14'09.37"N，122° 14'18.99"E）2019.07.12

TL 002（43° 13'33.31"N，122° 04'26.10"E）2019.07.12

TL 003（43° 17'12.49"N，122° 02'28.12"E）2019.07.12

TL 004（43° 13'54.83"N，121° 52'20.69"E）2019.07.12

TL 005（43° 21'41.54"N，121° 52'46.20"E）2019.07.12

TL 006（43° 22'07.90"N，121° 39'45.58"E）2019.07.12

TL 007（43° 14'32.77"N，121° 42'43.06"E）2019.07.12

TL 008（43° 08'53.13"N，121° 48'27.24"E）2019.07.12

TL 009（43° 07'44.58"N，121° 57'11.92"E）2019.07.12

TL 010（43° 07'07.14"N，122° 04'06.99"E）2019.07.12

（采样点分布图见第 58 页）

通辽市·科尔沁左翼后旗

TL 011（43° 07'45.36"N，122° 14'22.35"E）2019.07.12

TL 012（43° 01'07.49"N，122° 17'15.21"E）2019.07.12

TL 013（43° 01'28.41"N，122° 07'17.72"E）2019.07.12

TL 014（43° 01'38.92"N，121° 57'33.67"E）2019.07.12

TL 015（42° 55'40.50"N，122° 19'30.85"E）2019.07.12

TL 016（42° 50'31.87"N，121° 11'07.80"E）2019.07.13

TL 017（42° 49'22.62"N，122° 01'19.43"E）2019.07.13

TL 018（42° 56'53.01"N，122° 05'07.57"E）2019.07.13

TL 019（42° 48'50.58"N，122° 16'27.59"E）2019.07.13

TL 020（42° 45'06.15"N，122° 23'40.13"E）2019.07.13

（采样点分布图见第 58 页）

TL 021（42° 50'48.06"N，122° 25'25.15"E）2019.07.13

TL 022（42° 50'29.84"N，122° 35'42.07"E）2019.07.13

TL 024（42° 50'26.07"N，122° 56'38.18"E）2019.07.13

TL 025（42° 56'17.76"N，122° 56'56.50"E）2019.07.13

TL 026（42° 54'11.20"N，123° 05'37.25"E）2019.07.13

TL 027（43° 00'14.71"N，123° 10'10.28"E）2019.07.13

TL 028（43° 05'20.69"N，123° 17'44.58"E）2019.07.13

TL 030（43° 09'18.34"N，123° 35'38.49"E）2019.07.14

（采样点分布图见第 58 页）

通辽市 · 科尔沁左翼后旗

TL 031（43° 17'29.87"N，123° 38'24.64"E）2019.07.14

TL 033（43° 30'15.97"N，122° 23'15.48"E）2019.07.12

TL 034（43° 30'36.13"N，122° 30'04.22"E）2019.07.12

TL 036（43° 20'69.82"N，122° 43'01.72"E）2019.07.12

TL 037（43° 20'31.44"N，122° 29'20.82"E）2019.07.12

TL 038（43° 19'06.10"N，122° 15'17.02"E）2019.07.12

TL 040（43° 19'06.06"N，122° 15'21.78"E）2019.07.12

TL 043（43° 17'44.68"N，122° 47'05.41"E）2019.07.12

（采样点分布图见第 58 页）

TL 044（43° 13'20.64"N，122° 39'08.83"E）2019.07.12

TL 045（43° 26'19.28"N，122° 29'20.03"E）2019.07.12

TL 046（43° 07'52.39"N，122° 30'44.81"E）2019.07.12

TL 048（43° 00'44.77"N，122° 24'42.99"E）2019.07.13

TL 049（43° 04'07.45"N，122° 36'57.25"E）2019.07.13

TL 055（43° 06'52.10"N，122° 55'36.18"E）2019.07.13

TL 056（43° 05'09.70"N，122° 51'03.60"E）2019.07.13

TL 057（43° 09'18.14"N，123° 08'12.01"E）2019.07.13

（采样点分布图见第 58 页）

通辽市·科尔沁左翼后旗

TL 059（43° 12'02.31"N，123° 32'15.99"E）2019.07.14

TL 060（43° 20'14.77"N，123° 31'53.51"E）2019.07.14

TL 061（43° 21'46.23"N，123° 21'43.07"E）2019.07.14

TL 062（43° 18'20.71"N，123° 08'29.10"E）2019.07.14

TL 069（43° 35'01.53"N，123° 10'30.34"E）2019.07.14

（采样点分布图见第 58 页）

TL 039（43° 28'46.36"N，122° 13'17.16"E）2019.07.12

TL 070（43° 44'54.91"N，122° 49'40.40"E）2019.07.14

TL 219（43° 36'43.41"N，122° 14'33.75"E）2019.07.12

（采样点分布图见第 58 页）

通辽市·科尔沁左翼中旗

TL 074（43° 39'11.70"N，123° 20'04.14"E）2019.07.14

TL 075（43° 45'01.47"N，123° 19'20.97"E）2019.07.14

TL 076（43° 51'02.37"N，123° 14'34.81"E）2019.07.14

TL 077（43° 54'44.13"N，123° 08'12.13"E）2019.07.14

TL 078（43° 51'23.11"N，123° 09'30.96"E）2019.07.14

TL 079（43° 48'31.95"N，123° 11'37.89"E）2019.07.14

TL 080（43° 45'47.24"N，123° 06'57.91"E）2019.07.14

TL 081（43° 54'25.29"N，123° 01'54.25"E）2019.07.14

（采样点分布图见第 58 页）

TL 083（44° 05'16.02"N，123° 07'47.20"E）2019.07.14

TL 084（44° 03'15.61"N，123° 14'46.48"E）2019.07.14

TL 085（44° 06'47.26"N，123° 14'38.76"E）2019.07.15

TL 086（44° 08'51.26"N，123° 06'41.89"E）2019.07.15

TL 087（44° 14'56.80"N，123° 04'39.97"E）2019.07.15

TL 088（44° 21'21.67"N，123° 02'36.70"E）2019.07.15

TL 089（44° 26'45.70"N，123° 06'11.53"E）2019.07.15

TL 090（44° 24'30.48"N，122° 58'00.25"E）2019.07.15

（采样点分布图见第 58 页）

通辽市·科尔沁左翼中旗

TL 091（44° 17'44.58"N，123° 00'56.54"E）2019.07.15

TL 092（44° 17'41.85"N，122° 53'56.33"E）2019.07.15

TL 093（44° 18'32.13"N，122° 48'16.20"E）2019.07.15

TL 094（44° 11'26.73"N，122° 48'16.70"E）2019.07.15

TL 095（44° 07'45.22"N，122° 50'28.30"E）2019.07.15

TL 096（44° 03'59.48"N，122° 58'18.41"E）2019.07.15

TL 097（44° 01'22.36"N，122° 51'38.47"E）2019.07.15

TL 098（43° 53'07.48"N，122° 42'14.09"E）2019.07.15

（采样点分布图见第 58 页）

TL 099（43° 51'11.26"N，122° 49'32.49"E）2019.07.15

TL 100（44° 07'22.77"N，122° 38'31.69"E）2019.07.15

TL 101（44° 08'42.49"N，122° 29'58.96"E）2019.07.15

TL 102（44° 06'36.54"N，122° 19'29.23"E）2019.07.15

TL 104（44° 00'58.65"N，121° 59'08.38"E）2019.07.16

TL 105（43° 55'10.05"N，122° 04'36.76"E）2019.07.16

TL 107（43° 48'25.89"N，121° 56'20.59"E）2019.07.16

TL 108（43° 52'27.53"N，121° 47'34.40"E）2019.07.16

（采样点分布图见第 58 页）

通辽市·科尔沁左翼中旗

TL 109（43° 54'18.21"N，121° 54'00.83"E）2019.07.16

TL 110（43° 58'09.04"N，121° 52'25.28"E）2019.07.16

TL 111（43° 57'36.66"N，121° 43'00.09"E）2019.07.16

TL 112（44° 02'11.79"N，121° 45'36.39"E）2019.07.16

TL 115（44° 12'24.45"N，121° 34'34.30"E）2019.07.16

TL 116（43° 30'02.47"N，123° 10'27.89"E）2019.07.15

TL 117（43° 30'52.33"N，123° 18'37.74"E）2019.07.15

TL 118（43° 41'51.22"N，123° 28'25.56"E）2019.07.15

（采样点分布图见第 58 页）

TL 119（43° 48'57.15"N，123° 24'15.03"E）2019.07.15

TL 120（43° 58'37.06"N，123° 21'56.59"E）2019.07.15

TL 121（43° 48'57.06"N，123° 24'15.05"E）2019.07.15

TL 122（44° 10'40.02"N，122° 44'09.08"E）2019.07.15

TL 123（43° 59'03.15"N，122° 36'54.69"E）2019.07.15

TL 124（43° 57'57.73"N，122° 27'46.55"E）2019.07.15

TL 125（43° 58'55.54"N，122° 13'16.43"E）2019.07.15

TL 126（43° 55'50.83"N，122° 17'48.09"E）2019.07.15

（采样点分布图见第 58 页）

通辽市·科尔沁左翼中旗

TL 129（44° 00'43.51"N，122° 01'58.74"E）2019.07.15

TL 130（44° 07'08.92"N，122° 10'27.71"E）2019.07.16

TL 131（44° 12'35.71"N，122° 12'45.54"E）2019.07.16

TL 134（44° 08'05.16"N，121° 44'04.91"E）2019.07.16

TL 136（44° 13'33.67"N，121° 42'53.17"E）2019.07.16

TL 137（44° 17'47.51"N，121° 29'46.89"E）2019.07.16

TL 140（44° 18'40.15"N，121° 27'57.70"E）2019.07.16

（采样点分布图见第 58 页）

TL 212（45° 29'31.03"N，119° 39'53.20"E）2019.07.19

TL 213（45° 25'00.83"N，119° 34'39.57"E）2019.07.19

TL 214（45° 26'47.70"N，119° 30'17.46"E）2019.07.19

TL 215（45° 28'49.31"N，119° 22'11.42"E）2019.07.19

TL 217（45° 35'21.72"N，119° 41'41.97"E）2019.07.19

TL 218（45° 37'44.53"N，119° 35'05.47"E）2019.07.19

TL 223（43° 33'42.19"N，123° 18'02.31"E）2019.07.14

（采样点分布图见第 58 页）

通辽市 · 扎鲁特旗

TL 138（44° 30'40.07"N，121° 03'01.56"E）2019.07.16

TL 139（44° 30'39.97"N，121° 03'01.56"E）2019.07.16

TL 141（44° 23'09.90"N，121° 37'16.54"E）2019.07.16

TL 142（44° 18'00.55"N，121° 34'03.82"E）2019.07.16

TL 143（44° 23'10.75"N，121° 37'15.39"E）2019.07.16

TL 144（44° 30'40.90"N，120° 53'40.42"E）2019.07.17

TL 145（44° 23'56.00"N，120° 54'11.31"E）2019.07.17

TL 146（44° 21'40.28"N，121° 01'04.42"E）2019.07.17

TL 147（44° 15'46.93"N，120° 57'30.79"E）2019.07.17

TL 148（44° 12'10.32"N，121° 02'39.21"E）2019.07.17

（采样点分布图见第 58 页）

通辽市 · 扎鲁特旗

TL 149（44° 09'51.87"N，120° 54'05.83"E）2019.07.17

TL 150（44° 01'20.49"N，120° 52'25.93"E）2019.07.17

TL 151（43° 57'25.86"N，120° 57'48.28"E）2019.07.17

TL 152（44° 04'28.59"N，120° 47'59.32"E）2019.07.17

TL 153（44° 10'31.30"N，120° 42'54.34"E）2019.07.17

TL 154（44° 18'24.28"N，120° 39'19.64"E）2019.07.17

TL 155（44° 22'04.12"N，120° 31'01.90"E）2019.07.17

TL 156（44° 16'26.29"N，120° 46'08.58"E）2019.07.17

（采样点分布图见第 58 页）

通辽市 · 扎鲁特旗

TL 160（44° 33'48.43"N，120° 29'11.71"E）2019.07.18

TL 161（44° 27'50.77"N，120° 22'49.98"E）2019.07.18

TL 162（44° 33'46.06"N，120° 15'59.37"E）2019.07.18

TL 163（44° 39'14.48"N，120° 17'59.82"E）2019.07.18

TL 164（44° 43'52.23"N，120° 06'3.75"E）2019.07.18

TL 165（44° 48'58.80"N，120° 07'19.27"E）2019.07.18

TL 166（44° 53'07.19"N，120° 16'20.91"E）2019.07.18

TL 167（44° 48'52.64"N，120° 23'47.01"E）2019.07.18

TL 168（44° 42'36.40"N，120° 28'56.85"E）2019.07.18

TL 169（44° 38'59.08"N，120° 35'54.31"E）2019.07.18

（采样点分布图见第 58 页）

TL 170（44° 48'41.00"N，120° 34'21.88"E）2019.07.18

TL 171（45° 05'53.14"N，120° 06'08.66"E）2019.07.20

TL 172（45° 02'24.70"N，119° 58'51.21"E）2019.07.20

TL 173（44° 57'43.84"N，119° 51'02.38"E）2019.07.20

TL 174（44° 51'45.24"N，119° 53'46.07"E）2019.07.20

TL 175（44° 49'54.71"N，120° 03'13.88"E）2019.07.20

TL 176（44° 51'05.53"N，120° 12'11.86"E）2019.07.20

TL 178（44° 46'34.67"N，121° 7'44.13"E）2019.07.17

TL 180（44° 47'45.90"N，121° 07'45.11"E）2019.07.17

TL 184（44° 40'18.80"N，120° 47'59.17"E）2019.07.17

（采样点分布图见第 58 页）

通辽市 · 扎鲁特旗

TL 185（44° 40'12.90"N，120° 47'44.70"E）2019.07.17

TL 186（44° 43'05.98"N，120° 55'43.54"E）2019.07.17

TL 187（44° 35'24.20"N，120° 52'06.50"E）2019.07.17

TL 188（44° 45'11.71"N，120° 45'41.67"E）2019.07.18

TL 189（44° 45'56.38"N，120° 44'56.94"E）2019.07.18

TL 190（45° 00'13.54"N，120° 34'57.36"E）2019.07.18

（采样点分布图见第 58 页）

TL 191（45° 01'11.10"N，120° 45'10.90"E）2019.07.18

TL 192（44° 58'03.80"N，120° 48'05.50"E）2019.07.18

TL 193（44° 56'53.64"N，120° 55'12.76"E）2019.07.18

TL 196（45° 10'35.50"N，120° 46'37.36"E）2019.07.18

TL 199（45° 36'20.52"N，120° 01'48.96"E）2019.07.19

TL 200（45° 21'34.43"N，119° 47'35.97"E）2019.07.19

TL 201（40° 35'45.21"N，119° 47'35.97"E）2019.07.19

TL 202（45° 22'53.34"N，120° 05'02.23"E）2019.07.19

（采样点分布图见第 58 页）

通辽市・扎鲁特旗

TL 203（45° 28'22.11"N，120° 19'36.77"E）2019.07.19

TL 204（45° 20'13.26"N，120° 27'44.32"E）2019.07.19

TL 205（45° 19'19.20"N，120° 26'02.86"E）2019.07.19

TL 206（45° 10'49.67"N，120° 27'44.07"E）2019.07.19

TL 207（45° 06'37.30"N，120° 18'29.47"E）2019.07.19

TL 209（45° 24'02.50"N，119° 38'20.22"E）2019.07.19

TL 210（45° 15'10.71"N，119° 50'10.72"E）2019.07.20

（采样点分布图见第 58 页）

● 草原科考一队成员

内蒙古大学生命科学学院2017级硕士研究生王一开、郭聪颖；2018级硕士研究生于杰、季成；2018级本科生张文奇、孙浩、特日格乐、西泓洋、朱梦凡。

● 草原科考一队土壤采集地区

巴林右旗、巴林左旗、翁牛特旗、阿鲁科尔沁旗。

● 草原科考二队成员

内蒙古大学生命科学学院2018级硕士研究生于杰；2019级硕士研究生张睿；2018级本科生张文奇、孙浩、张旭。加利福尼亚大学戴维斯分校（University of California，Davis）本科生李靖琳（Jinglin Li）。

● 草原科考二队土壤采集地区

克什克腾旗。

● 队员感言

作为一名生物专业的本科生，这次科考极大地开阔了我的视野和知识面。很多东西不再仅仅是书本里的蝇头小字，而是变得具体且多样化。自然的奥秘是无穷无尽的，我需要学习的还有很多很多，仍需努力！这次我们在学长学姐的带领下前往不同的草原进行科考，或是贫瘠或是富饶，或是牛羊成群或是荒无人烟，或是晴空万里或是乌云压阵，万般风采，各有千秋，不禁使我对草原的感情更加浓郁深厚。远方的人们啊，欢迎来到内蒙古草原！

——西泓洋

科考结束之后，我的记忆仍停留在2019年夏天的祖国北部之行。为期3个多月的草原科考，让我们磨炼了意志、促进了交流、发展了友谊。从采集土样到抓羊采血，所有团队成员分工明确，就像各司其职的螺钉和螺母，出色完成各自的任务。我要感谢“省部共建草原家畜生殖调控与繁育国家重点实验室”这个大家庭让我们相聚在一起，多少年后当有人提起此重点实验室，我会自豪的说我是其中一员。这片广阔的草原，每一寸土地都有我们的记忆。

——季　成

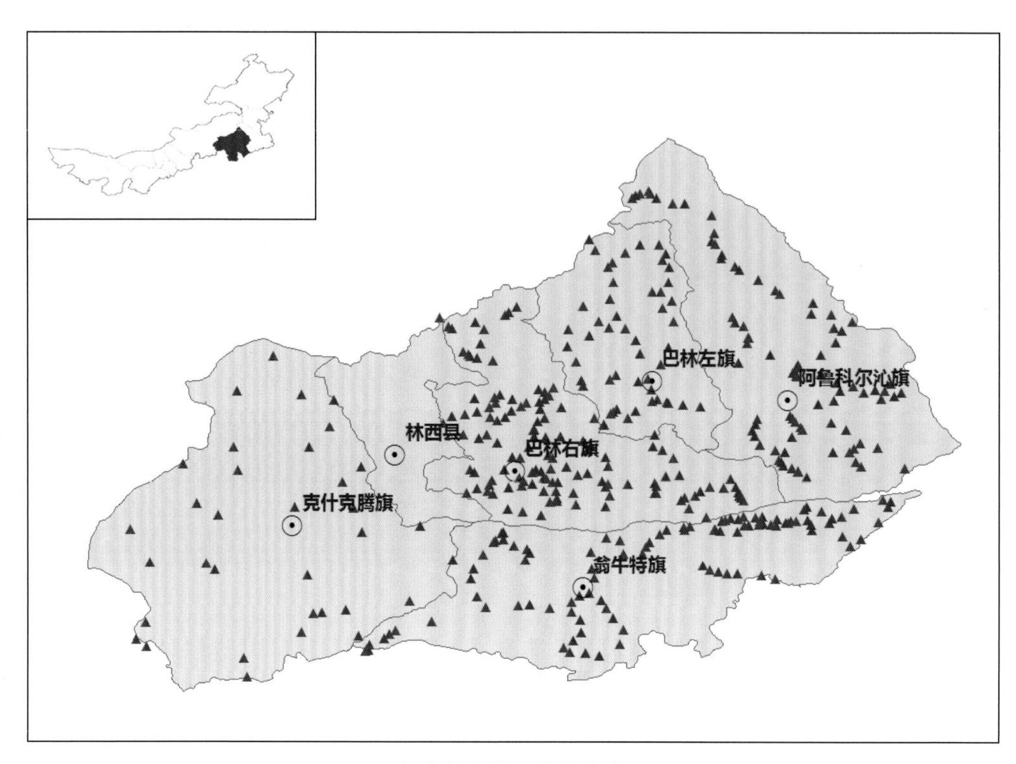

赤峰市土样采集点分布

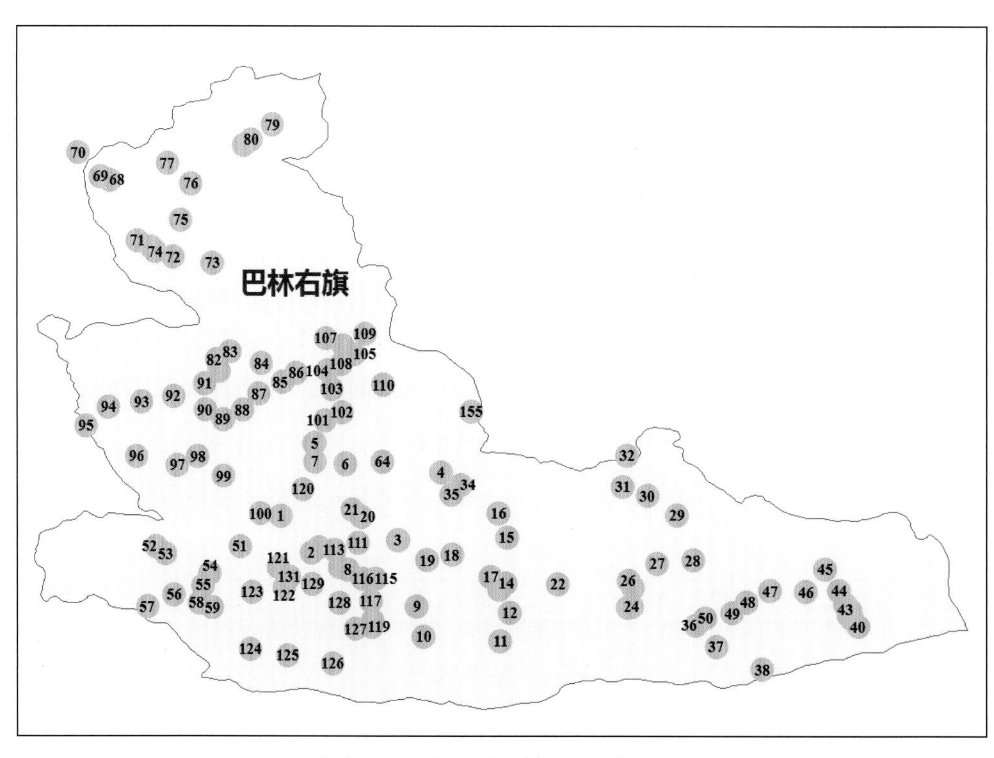

赤峰市・巴林右旗采样点分布和编号

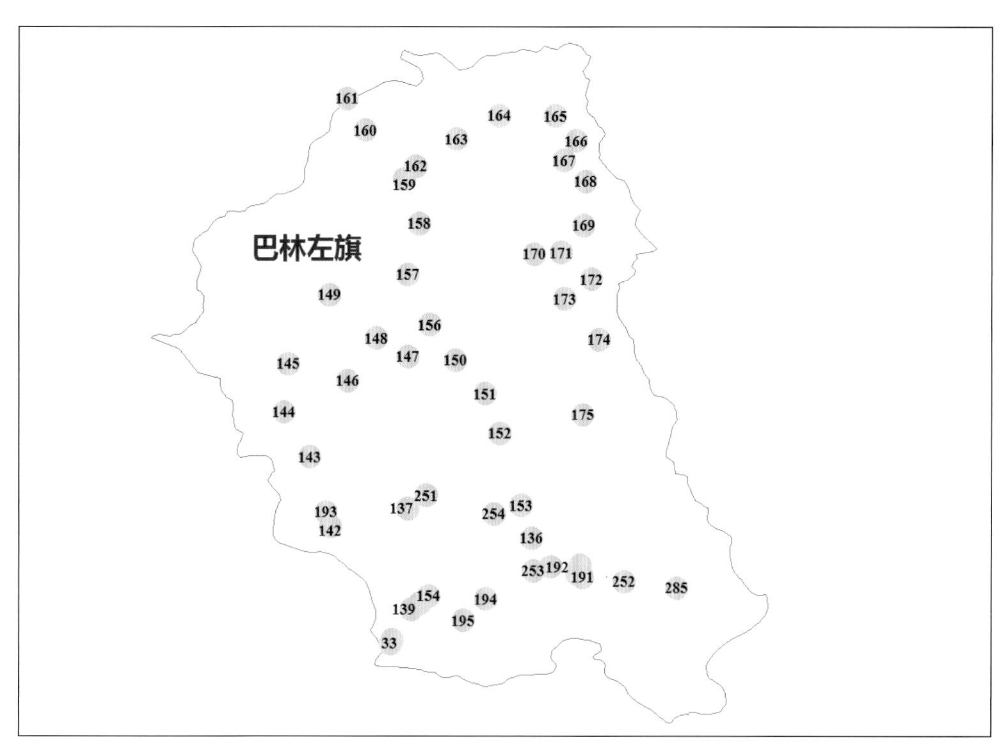

赤峰市·巴林左旗采样点分布和编号

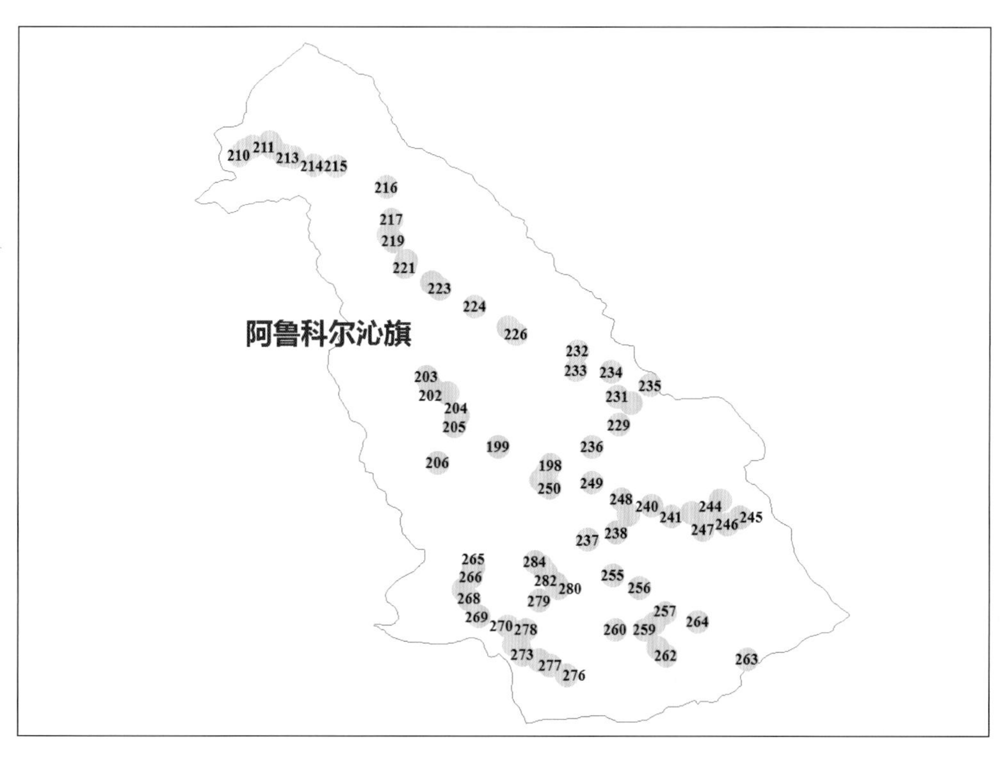

赤峰市·阿鲁科尔沁旗采样点分布和编号

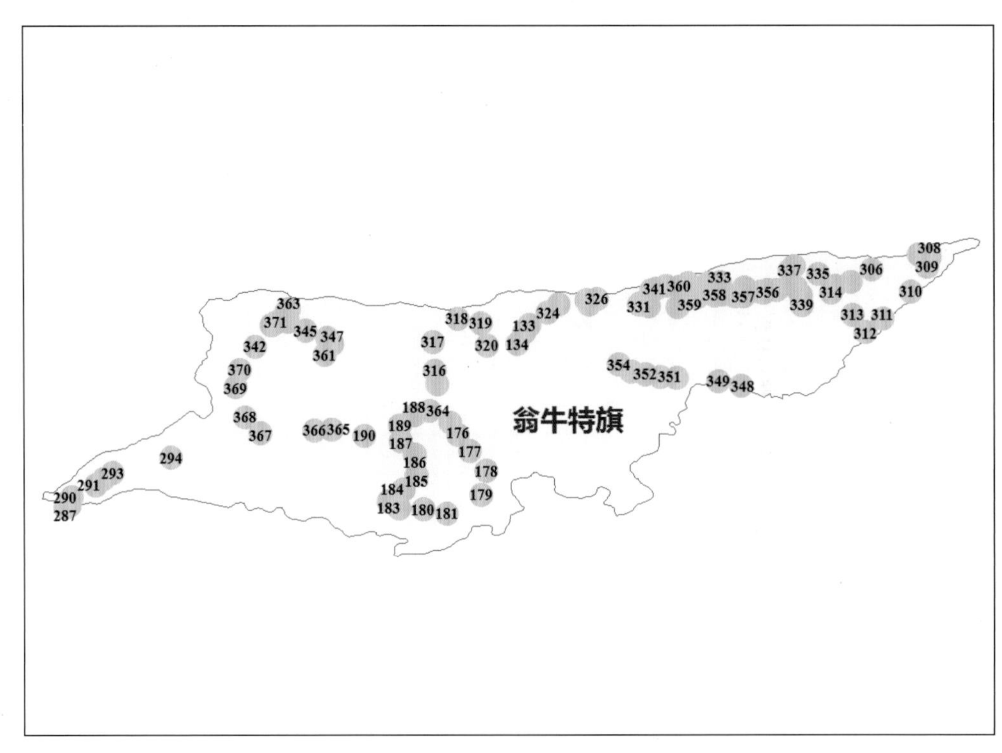

赤峰市・翁牛特旗采样点分布和编号

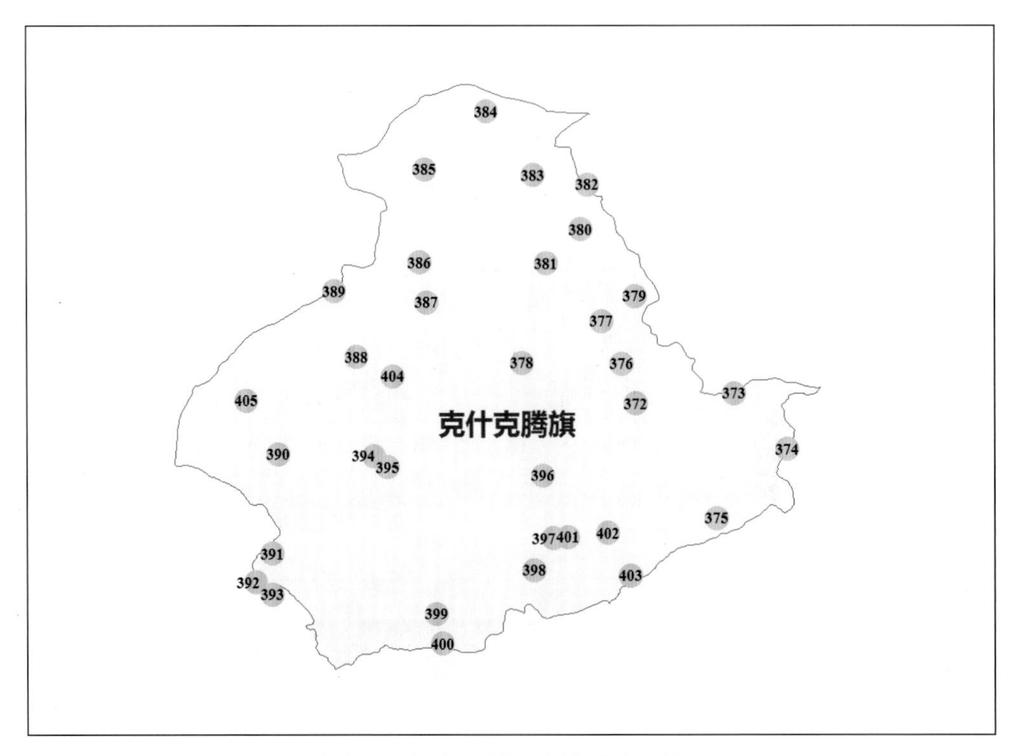

赤峰市・克什克腾旗采样点分布和编号

赤峰市 · 巴林右旗

CF 001（43° 35'22.13"N，118° 41'39.04"E）2019.07.02

CF 003（43° 32'33.52"N，118° 55'57.45"E）2019.07.02

CF 005（43° 43'57.97"N，118° 45'53.13"E）2019.07.02

CF 006（43° 41'26.28"N，118° 49'35.69"E）2019.07.02

CF 007（43° 41'45.28"N，118° 45'53.13"E）2019.07.02

CF 008（43° 29'06.56"N，118° 49'63.86"E）2019.07.03

CF 009（43° 24'49.47"N，118° 58'13.18"E）2019.07.03

CF 010（43° 21'15.48"N，118° 59'03.67"E）2019.07.03

CF 011（43° 20'45.74"N，119° 08'15.70"E）2019.07.03

CF 012（43° 24'06.73"N，119° 09'24.30"E）2019.07.03

（采样点分布图见第 82 页）

赤峰市 · 巴林右旗

CF 013（43° 26'48.21"N，119° 08'07.53"E）2019.07.03

CF 014（43° 27'34.44"N，119° 08'53.91"E）2019.07.03

CF 015（43° 32'54.36"N，119° 09'02.10"E）2019.07.03

CF 016（43° 35'43.81"N，119° 08'02.20"E）2019.07.03

CF 017（43° 28'16.91"N，119° 07'05.37"E）2019.07.03

CF 017（43° 28'16.91"N，119° 07'05.37"E）2019.07.03

CF 018（43° 30'51.11"N，119° 02'26.21"E）2019.07.03

CF 018（43° 26'48.21"N，119° 08'07.53"E）2019.07.03

CF 019（43° 30'13.12"N，118° 59'27.88"E）2019.07.03

CF 019（43° 30'13.12"N，118° 59'27.88"E）2019.07.03

（采样点分布图见第 82 页）

赤峰市 · 巴林右旗

CF 019（43° 30'13.12"N，118° 59'27.88"E）2019.07.03

CF 020（43° 35'17.85"N，118° 51'35.98"E）2019.07.03

CF 021（43° 36'09.13"N，118° 50'26.86"E）2019.07.03

CF 021（43° 36'09.13"N，118° 50'26.86"E）2019.07.03

CF 021（43° 36'09.13"N，118° 50'26.86"E）2019.07.03

CF 021（43° 36'09.13"N，118° 50'26.86"E）2019.07.03

CF 022（43° 27'27.07"N，119° 15'08.39"E）2019.07.04

CF 023（43° 24'43.12"N，119° 23'34.81"E）2019.07.04

CF 024（43° 24'51.99"N，119° 24'02.07"E）2019.07.04

CF 025（43° 26'59.04"N，119° 24'10.16"E）2019.07.04

（采样点分布图见第 82 页）

赤峰市 · 巴林右旗

CF 025（43° 26'59.04"N，119° 24'10.16"E）2019.07.04

CF 026（43° 27'51.54"N，119° 23'39.36"E）2019.07.04

CF 026（43° 27'51.54"N，119° 23'39.36"E）2019.07.04

CF 027（43° 29'50.47"N，119° 27'07.04"E）2019.07.04

CF 028（43° 30'13.00"N，119° 31'28.84"E）2019.07.04

CF 029（43° 35'29.23"N，119° 29'32.51"E）2019.07.04

CF 030（43° 37'43.67"N，119° 25'55.69"E）2019.07.04

CF 031（43° 38'49.68"N，119° 22'57.54"E）2019.07.04

CF 031（43° 38'49.68"N，119° 22'57.54"E）2019.07.04

CF 031（43° 38'49.68"N，119° 22'57.54"E）2019.07.04

（采样点分布图见第 82 页）

赤峰市 · 巴林右旗

CF 032（43° 42'27.39"N，119° 23'28.01"E）2019.07.04

CF 032（43° 42'27.39"N，119° 23'28.01"E）2019.07.04

CF 034（43° 39'02.17"N，119° 03'29.61"E）2019.07.04

CF 036（43° 22'36.86"N，119° 31'50.07"E）2019.07.05

CF 037（43° 20'10.44"N，119° 34'18.67"E）2019.07.05

CF 038（43° 17'28.86"N，119° 39'51.78"E）2019.07.05

CF 039（43° 23'20.83"N，119° 50'39.16"E）2019.07.05

CF 040（43° 22'33.28"N，119° 51'18.96"E）2019.09.16

CF 041（43° 23'53.08"N，119° 50'11.55"E）2019.07.05

CF 041（43° 23'53.08"N，119° 50'11.55"E）2019.07.05

（采样点分布图见第 82 页）

赤峰市・巴林右旗

CF 041（43° 23'53.08"N，119° 50'11.55"E）2019.07.05

CF 042（43° 24'27.34"N，119° 50'26.61"E）2019.07.05

CF 043（43° 25'08.59"N，119° 49'49.75"E）2019.09.16

CF 043（43° 25'08.59"N，119° 49'49.75"E）2019.07.05

CF 044（43° 26'44.58"N，119° 49'06.19"E）2019.07.05

CF 044（43° 26'44.58"N，119° 49'06.19"E）2019.07.05

CF 044（43° 26'44.58"N，119° 49'06.19"E）2019.07.05

CF 045（43° 27'01.33"N，119° 47'25.02"E）2019.07.05

CF 045（43° 27'01.33"N，119° 47'25.02"E）2019.07.05

CF 045（43° 27'01.33"N，119° 47'25.02"E）2019.07.05

（采样点分布图见第 82 页）

赤峰市 · 巴林右旗

CF 046（43° 26'34.32"N，119° 45'06.79"E）2019.07.05

CF 046（43° 26'34.32"N，119° 45'06.79"E）2019.07.05

CF 046（43° 26'34.32"N，119° 45'06.79"E）2019.07.05

CF 046（43° 26'34.32"N，119° 45'06.79"E）2019.07.05

CF 047（43° 26'40.32"N，119° 40'48.22"E）2019.07.05

CF 047（43° 26'40.32"N，119° 40'48.22"E）2019.07.05

CF 048（43° 25'21.38"N，119° 38'00.69"E）2019.07.05

CF 048（43° 25'21.38"N，119° 38'00.69""E）2019.07.05

CF 049（43° 24'02.96"N，119° 36'12.37"E）2019.07.05

CF 049（43° 24'02.96"N，119° 36'12.37"E）2019.07.05

（采样点分布图见第 82 页）

赤峰市·巴林右旗

CF 050（43° 23'30.47"N，119° 32'59.13"E）2019.07.05

CF 051（43° 31'50.62"N，118° 36'39.66"E）2019.07.07

CF 052（43° 31'48.99"N，118° 26'21.75"E）2019.07.07

CF 053（43° 30'57.04"N，118° 27'32.46"E）2019.07.07

CF 054（43° 28'41.97"N，118° 32'55.04"E）2019.07.07

CF 054（43° 28'41.97"N，118° 32'55.04"E）2019.07.07

CF 055（43° 27'15.15"N，118° 32'07.92"E）2019.07.07

CF 056（43° 26'10.39"N，118° 28'32.12"E）2019.07.07

CF 056（43° 26'10.39"N，118° 28'32.12"E）2019.07.07

CF 057（43° 24'47.59"N，118° 25'17.25"E）2019.07.07

（采样点分布图见第 82 页）

CF 058（43° 25'13.62"N，118° 31'37.09"E）2019.07.07

CF 059（43° 24'40.85"N，118° 35'15.30"E）2019.07.07

CF 067（44° 06'45.83"N，118° 25'44.64"E）2019.07.03

CF 069（44° 15'04.72"N，118° 19'35.43"E）2019.07.03

CF 068（44° 14'38.55"N，118° 20'41.65""E）2019.07.03

CF 070（44° 17'51.21"N，118° 16'51.85"E）2019.07.03

CF 071（44° 07'33.66"N，118° 24'05.18"E）2019.07.03

CF 072（44° 05'33.61"N，118° 28'28.61"E）2019.07.03

（采样点分布图见第 82 页）

赤峰市·巴林右旗

CF 073（44° 04'56.01"N，118° 33'15.04"E）2019.07.03

CF 074（44° 06'14.35"N，118° 26'16.53"E）2019.07.03

CF 075（44° 09'57.62"N，118° 29'24.40"E）2019.07.03

CF 076（44° 14'12.22"N，118° 30'38.17"E）2019.07.03

CF 077（44° 16'35.48"N，118° 27'45.67"E）2019.07.03

CF 078（44° 18'43.96"N，118° 37'08.52"E）2019.07.03

（采样点分布图见第 82 页）

赤峰市 · 巴林右旗

CF 079（44° 21'05.44"N，118° 40'41.78"E）2019.07.03

CF 080（44° 19'20.16"N，118° 38'02.88"E）2019.07.03

CF 081（43° 52'15.24"N，118° 34'04.57"E）2019.07.04

CF 082（43° 53'37.46"N，118° 33'44.88"E）2019.07.04

CF 082（43° 53'37.46"N，118° 33'44.88"E）2019.07.04

CF 083（43° 54'33.50"N，118° 35'26.70"E）2019.07.04

CF 083（43° 54'33.05"N，118° 35'26.07"E）2019.07.04

CF 084（43° 53'11.10"N，118° 39'17.14"E）2019.07.04

（采样点分布图见第 82 页）

赤峰市 · 巴林右旗

CF 084（43° 53'11.01"N，118° 39'17.14"E）2019.07.04

CF 085（43° 51'00.05"N，118° 41'54.49"E）2019.07.04

CF 085（43° 51'00.05"N，118° 41'54.49"E）2019.07.04

CF 086（43° 52'06.81"N，118° 43'36.24"E）2019.07.04

CF 086（43° 52'06.81"N，118° 43'36.24"E）2019.07.04

CF 087（43° 49'37.71"N，118° 39'02.14"E）2019.07.04

CF 087（43° 49'37.71"N，118° 39'02.14"E）2019.09.16

CF 088（43° 47'45.37"N，118° 36'58.64"E）2019.07.04

CF 088（43° 47'45.37"N，118° 36'58.64"E）2019.07.04

CF 089（43° 46'41.94"N，118° 34'33.28"E）2019.07.04

（采样点分布图见第 82 页）

CF 089（43° 46'41.94"N，118° 34'33.28"E）2019.09.16

CF 090（43° 47'45.21"N，118° 32'23.15"E）2019.07.04

CF 090（43° 47'45.21"N，118° 32'23.15"E）2019.07.04

CF 090（43° 47'45.21"N，118° 32'23.15"E）2019.07.04

CF 091（43° 50'51.54"N，118° 32'17.03"E）2019.07.04

CF 091（43° 50'51.54"N，118° 32'17.03"E）2019.07.04

CF 092（43° 49'22.48"N，118° 28'29.61"E）2019.07.04

CF 093（43° 48'41.44"N，118° 24'35.61"E）2019.07.04

CF 094（43° 48'09.48"N，118° 20'32.46"E）2019.07.04

CF 095（43° 45'56.35"N，118° 17'46.98"E）2019.07.04

（采样点分布图见第 82 页）

赤峰市·巴林右旗

CF 096（43° 42'23.82"N，118° 23'59.67"E）2019.07.04

CF 097（43° 41'22.45"N，118° 28'56.93"E）2019.07.04

CF 097（43° 41'22.45"N，118° 28'56.93"E）2019.07.04

CF 098（43° 42'19.81"N，118° 31'27.93"E）2019.07.04

CF 099（43° 40'01.33"N，118° 34'38.56"E）2019.07.04

CF 100（43° 35'39.93"N，118° 39'09.57"E）2019.07.04

CF 101（43° 46'31.77"N，118° 47'05.34"E）2019.07.05

CF 102（43° 47'29.01"N，118° 49'12.26"E）2019.07.05

CF 103（43° 50'13.64"N，118° 47'59.46"E）2019.07.05

CF 104（43° 52'21.75"N，118° 47'28.52"E）2019.07.05

（采样点分布图见第 82 页）

赤峰市 · 巴林右旗

CF 105（43° 54'16.92"N，118° 50'38.97"E）2019.07.05

CF 106（43° 55'16.70"N，118° 49'21.90"E）2019.07.05

CF 107（43° 56'08.86"N，118° 47'16.39"E）2019.07.05

CF 107（43° 56'08.86"N，118° 47'16.39"E）2019.07.05

CF 108（43° 53'10.21"N，118° 49'08.38"E）2019.07.05

CF 109（43° 56'41.70"N，118° 52'02.41"E）2019.07.05

CF 110（43° 50'41.85"N，118° 54'14.65"E）2019.07.05

CF 110（43° 50'41.85"N，118° 54'14.65"E）2019.07.05

CF 111（43° 32'14.09"N，118° 51'09.52"E）2019.07.07

CF 111（43° 32'14.90"N，118° 51'09.52"E）2019.07.07

（采样点分布图见第 82 页）

赤峰市 · 巴林右旗

CF 113（43° 31'26.10"N，118° 48'14.86"E）2019.07.07

CF 114（43° 29'22.05"N，118° 48'56.74"E）2019.07.07

CF 115（43° 28'06.46"N，118° 53'15.92"E）2019.07.07

CF 116（43° 28'03.61"N，118° 51'43.51"E）2019.07.07

CF 117（43° 25'27.46"N，118° 52'45.94"E）2019.07.07

CF 118（43° 23'07.56"N，118° 52'59.63"E）2019.07.07

CF 119（43° 22'25.70"N，118° 52'54.45"E）2019.07.07

CF 120（43° 35'40.15"N，118° 42'02.65"E）2019.07.06

CF 120（43° 35'40.15"N，118° 42'02.65"E）2019.07.06

CF 120（43° 35'40.15"N，118° 42'02.65"E）2019.07.06

（采样点分布图见第 82 页）

赤峰市·巴林右旗

CF 121（43° 29'26.00"N，118° 41'26.00"E）2019.07.07

CF 122（43° 26'06.00"N，118° 42'08.00"E）2019.07.07

CF 123（43° 26'29.00"N，118° 38'07.00"E）2019.07.07

CF 124（43° 19'50.00"N，118° 37'55.00"E）2019.07.07

CF 125（43° 19'06.00"N，118° 42'30.00"E）2019.07.07

CF 126（43° 18'11.00"N，118° 48'02.00"E）2019.07.07

CF 127（43° 22'10.00"N，118° 50'56.00"E）2019.07.07

（采样点分布图见第 82 页）

赤峰市 · 巴林右旗

CF 128（43° 25'15.00"N，118° 48'54.00"E）2019.07.07

CF 129（43° 27'29.00"N，118° 45'33.00"E）2019.07.07

CF 130（43° 28'17.00"N，118° 42'41.00"E）2019.07.07

CF 131（43° 28'18.00"N，118° 42'42.00"E）2019.07.07

CF 155（43° 47'37.00"N，119° 04'45.00"E）2019.07.13

CF 155（43° 47'37.62"N，119° 04'45.46"E）2019.07.13

CF 155（43° 47'37.00"N，119° 04'45.00"E）2019.07.13

（采样点分布图见第 82 页）

赤峰市·巴林左旗

CF 033（43° 45'15.13"N，119° 07'30.52"E）2019.07.04

CF 033（43° 45'15.43"N，119° 07'30.52"E）2019.07.04

CF 033（43° 45'15.13"N，119° 07'30.52"E）2019.07.04

CF 033（43° 45'15.13"N，119° 07'30.52"E）2019.07.04

CF 033（43° 45'15.13"N，119° 07'30.52"E）2019.07.04

CF 135（43° 52'28.08"N，119° 27'16.79"E）2019.07.11

CF 136（43° 56'10.27"N，119° 22'27.85"E）2019.07.11

CF 137（43° 59'13.14"N，119° 09'25.47"E）2019.07.11

CF 138（43° 45'37.63"N，119° 07'43.44"E）2019.07.11

CF 138（43° 45'37.63"N，119° 07'43.44"E）2019.07.11

（采样点分布图见第 83 页）

赤峰市・巴林左旗

CF 139（43° 48'46.73"N，119° 09'47.01"E）2019.07.11

CF 139（43° 48'46.73"N，119° 09'47.01"E）2019.07.11

CF 140（43° 49'21.85"N，119° 10'42.67"E）2019.07.11

CF 140（43° 49'21.85"N，119° 10'42.67"E）2019.07.11

CF 141（43° 53'21.60"N，119° 27'39.42"E）2019.07.13

CF 142（43° 57'19.45"N，119° 01'08.37"E）2019.07.13

CF 143（44° 04'32.90"N，118° 58'56.65"E）2019.07.13

CF 144（44° 09'11.50"N，118° 56'11.95"E）2019.07.13

CF 144（44° 09'11.50"N，118° 56'11.95"E）2019.07.13

CF 145（44° 14'11.27"N，118° 56'36.35"E）2019.07.13

（采样点分布图见第 83 页）

赤峰市 · 巴林左旗

CF 145（44° 14'11.27"N，118° 56'36.35"E）2019.07.13

CF 146（44° 12'27.46"N，119° 03'02.86"E）2019.07.13

CF 146（44° 12'27.46"N，119° 03'02.86"E）2019.07.13

CF 147（44° 14'56.77"N，119° 09'21.39"E）2019.07.13

CF 148（44° 16'51.00"N，119° 06'02.51"E）2019.07.13

CF 148（44° 16'51.00"N，119° 06'02.51"E）2019.07.13

CF 149（44° 21'19.38"N，119° 01'03.42"E）2019.07.13

CF 150（44° 14'36.49"N，119° 14'22.62"E）2019.07.13

CF 151（44° 11'07.35"N，119° 17'30.66"E）2019.07.13

CF 152（44° 07'01.89"N，119° 19'05.05"E）2019.07.13

（采样点分布图见第 83 页）

赤峰市·巴林左旗

CF 153（43° 59'33.76"N，119° 21'18.84"E）2019.07.13

CF 153（43° 59'33.76"N，119° 21'18.84"E）2019.07.13

CF 154（43° 50'09.39"N，119° 11'37.70"E）2019.07.13

CF 156（44° 18'15.00"N，119° 11'43.00"E）2019.07.14

CF 156（44° 18'15.36"N，119° 11'43.50"E）2019.07.14

CF 157（44° 23'29.19"N，119° 09'23.73"E）2019.07.14

CF 158（44° 28'46.60"N，119° 10'38.17"E）2019.07.14

CF 159（44° 33'20.76"N，119° 09'00.05"E）2019.07.14

CF 160（44° 38'26.64"N，119° 04'52.31"E）2019.07.14

CF 160（44° 38'26.64"N，119° 04'52.31"E）2019.07.14

（采样点分布图见第 83 页）

CF 161（44° 41'41.39"N，119° 02'54.37"E）2019.07.14

CF 161（44° 41'41.39"N，119° 02'54.37"E）2019.07.14

CF 162（44° 34'41.45"N，119° 10'15.43"E）2019.07.14

CF 163（44° 37'30.43"N，119° 14'30.88"E）2019.07.14

CF 163（44° 37'30.43"N，119° 14'30.88"E）2019.07.14

CF 164（44° 39'58.36"N，119° 19'00.38"E）2019.07.14

CF 165（44° 39'55.57"N，119° 24'56.41"E）2019.07.14

CF 165（44° 39'55.57"N，119° 24'56.41"E）2019.07.14

CF 166（44° 37'18.89"N，119° 27'12.64"E）2019.07.14

CF 166（44° 37'18.89"N，119° 27'12.64"E）2019.07.14

（采样点分布图见第 83 页）

赤峰市 · 巴林左旗

CF 166（44° 37'18.89"N，119° 27'12.64"E）2019.07.14

CF 167（44° 35'17.43"N，119° 25'54.05"E）2019.07.14

CF 168（44° 33'06.43"N，119° 28'09.96"E）2019.07.14

CF 169（44° 28'34.87"N，119° 28'00.51"E）2019.07.14

CF 170（44° 25'36.16"N，119° 22'46.47"E）2019.07.14

CF 171（44° 25'45.72"N，119° 25'34.07"E）2019.07.14

CF 172（44° 22'57.07"N，119° 28'51.90"E）2019.07.14

CF 172（144° 22'57.07"N，19° 28'51.90"E）2019.07.14

CF 173（44° 20'55.15"N，119° 25'56.20"E）2019.07.14

（采样点分布图见第 83 页）

CF 174（44° 16'42.65"N，119° 29'38.73"E）2019.07.14

CF 175（44° 08'57.58"N，119° 27'57.06"E）2019.07.14

CF 175（44° 08'57.58"N，119° 27'57.06"E）2019.07.14

CF 175（44° 08'57.58"N，119° 27'57.06"E）2019.07.14

CF 191（43° 52'05.00"N，119° 27'52.00"E）2019.07.11

CF 193（43° 58'49.00"N，119° 00'41.00"E）2019.07.11

（采样点分布图见第 83 页）

赤峰市·阿鲁科尔沁旗

CF 194（43° 49'48.90"N，119° 17'37.28"E）2019.07.11

CF 195（43° 47'36.00"N，119° 15'13.00"E）2019.07.11

CF 251（44° 00'34.13"N，119° 11'22.12"E）2019.07.10

CF 253（43° 52'44.00"N，119° 22'40.00"E）2019.07.10

CF 285（43° 50'60.00"N，119° 37'60.00"E）2019.07.10

（采样点分布图见第 83 页）

赤峰市 · 阿鲁科尔沁旗

CF 196（44° 00'26.67"N，120° 07'50.52"E）2019.07.09

CF 197（44° 02'51.63"N，120° 07'54.33"E）2019.07.09

CF 198（44° 03'53.21"N，120° 08'30.63"E）2019.07.09

CF 199（44° 06'52.42"N，119° 59'48.23"E）2019.07.09

CF 200（44° 11'56.82"N，119° 53'09.31"E）2019.07.09

CF 201（44° 15'29.11"N，119° 51'28.08"E）2019.07.09

CF 202（44° 16'31.60"N，119° 48'40.12"E）2019.07.09

CF 203（44° 18'08.19"N，119° 47'58.65"E）2019.07.09

CF 203（44° 18'08.19"N，119° 47'58.65"E）2019.07.09

CF 204（44° 11'49.56"N，119° 52'52.23"E）2019.07.09

（采样点分布图见第 83 页）

赤峰市·阿鲁科尔沁旗

CF 205（44° 10'08.17"N，119° 52'34.73"E）2019.07.09

CF 206（44° 04'17.18"N，119° 49'48.33"E）2019.07.09

CF 207（44° 56'10.00"N，119° 21'45.00"E）2019.07.10

CF 208（44° 55'27.00"N，119° 18'56.00"E）2019.07.10

CF 209（44° 54'51.00"N，119° 17'34.00"E）2019.07.10

CF 209（44° 54'51.00"N，119° 17'34.00"E）2019.07.10

CF 209（44° 54'51.00"N，119° 17'34.00"E）2019.07.10

CF 210（44° 54'00.00"N，119° 16'29.00"E）2019.07.10

CF 211（44° 55'22.00"N，119° 22'15.00"E）2019.07.10

CF 212（44° 53'56.00"N，119° 24'12.00"E）2019.07.10

（采样点分布图见第 83 页）

CF 213（44° 53'39.00"N，119° 25'36.00"E）2019.07.10

CF 214（44° 52'21.00"N，119° 29'08.00"E）2019.07.10

CF 215（44° 52'20.00"N，119° 32'56.00"E）2019.07.10

CF 216（44° 48'53.00"N，119° 41'18.00"E）2019.07.10

CF 217（44° 43'34.00"N，119° 42'12.00"E）2019.07.10

CF 218（44° 41'11.00"N，119° 41'32.00"E）2019.07.10

CF 219（44° 40'09.00"N，119° 42'28.00"E）2019.07.10

CF 220（44° 36'55.00"N，119° 44'39.00"E）2019.07.10

CF 221（44° 35'51.00"N，119° 44'16.00"E）2019.07.10

CF 222（44° 33'31.00"N，119° 48'51.00"E）2019.07.10

（采样点分布图见第 83 页）

赤峰市 · 阿鲁科尔沁旗

CF 222（44° 33'31.00"N，119° 48'51.00"E）2019.07.10

CF 223（44° 32'31.00"N，119° 50'04.00"E）2019.07.10

CF 224（44° 29'32.00"N，119° 55'55.00"E）2019.07.10

CF 225（44° 26'14.00"N，120° 01'20.00"E）2019.07.10

CF 226（44° 25'08.00"N，120° 02'45.00"E）2019.07.10

CF 226（44° 25'08.00"N，120° 02'45.00"E）2019.07.10

CF 227（44° 14'55.00"N，120° 19'40.00"E）2019.07.10

CF 227（44° 14'55.00"N，120° 19'40.00"E）2019.07.10

CF 227（44° 14'55.00"N，120° 19'40.00"E）2019.07.10

CF 228（44° 01'26.79"N，120° 09'56.53"E）2019.07.09

（采样点分布图见第 83 页）

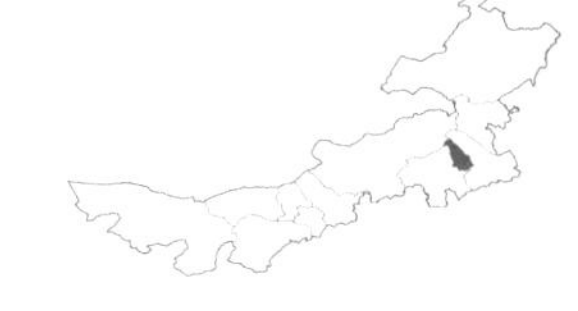

赤峰市·阿鲁科尔沁旗

CF 229（44° 10'24.18"N，120° 19'58.95"E）2019.07.09

CF 230（44° 13'57.84"N，120° 21'54.94"E）2019.07.09

CF 231（44° 14'58.09"N，120° 19'38.74"E）2019.07.09

CF 232（44° 22'22.69"N，120° 12'58.01"E）2019.07.09

CF 233（44° 19'14.38"N，120° 12'39.76"E）2019.07.09

CF 234（44° 18'57.10"N，120° 18'40.68"E）2019.07.09

CF 235（44° 16'47.41"N，120° 25'07.51"E）2019.07.09

CF 236（44° 06'52.95"N，120° 15'24.79"E）2019.07.09

（采样点分布图见第 83 页）

赤峰市·阿鲁科尔沁旗

CF 237（43° 51'46.00"N，120° 14'39.00"E）2019.07.10

CF 238（43° 52'53.00"N，120° 19'25.00"E）2019.07.10

CF 239（43° 55'54.00"N，120° 21'27.00"E）2019.07.10

CF 240（43° 57'16.00"N，120° 25'24.00"E）2019.07.10

CF 241（43° 55'30.00"N，120° 28'46.00"E）2019.07.10

CF 242（43° 56'04.00"N，120° 32'10.00"E）2019.07.10

（采样点分布图见第 83 页）

赤峰市 · 阿鲁科尔沁旗

CF 243（43° 58'08.00"N，120° 37'01.00"E）2019.07.10

CF 244（43° 55'57.00"N，120° 35'22.00"E）2019.07.10

CF 245（43° 55'25.00"N，120° 40'21.00"E）2019.07.10

CF 246（43° 54'14.00"N，120° 38'08.00"E）2019.07.10

CF 247（43° 53'24.00"N，120° 34'06.00"E）2019.07.10

CF 248（43° 58'20.17"N，120° 20'24.57"E）2019.07.10

（采样点分布图见第 83 页）

赤峰市 · 阿鲁科尔沁旗

CF 249（44° 01'01.23"N，120° 15'24.93"E）2019.07.10

CF 250（44° 00'09.98"N，120° 08'18.46"E）2019.07.10

CF 255（43° 46'03.00"N，120° 18'50.00"E）2019.07.09

CF 256（43° 44'03.00"N，120° 23'24.00"E）2019.07.09

CF 257（43° 39'56.00"N，120° 27'42.00"E）2019.07.09

CF 258（43° 38'16.00"N，120° 25'54.00"E）2019.07.09

（采样点分布图见第 83 页）

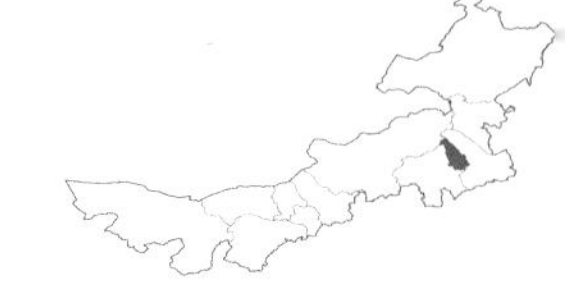

赤峰市·阿鲁科尔沁旗

CF 259（43° 37'14.00"N，120° 24'19.00"E）2019.07.09

CF 260（43° 37'15.00"N，120° 19'16.00"E）2019.07.09

CF 261（43° 34'19.00"N，120° 26'22.00"E）2019.07.09

CF 262（43° 33'01.00"N，120° 27'56.00"E）2019.07.09

CF 263（43° 32'29.00"N，120° 41'31.00"E）2019.07.09

CF 264（43° 38'29.00"N，120° 33'12.00"E）2019.07.09

（采样点分布图见第 83 页）

赤峰市 · 阿鲁科尔沁旗

CF 265（43° 47'15.00"N，119° 55'42.00"E）2019.07.09

CF 266（43° 45'42.00"N，119° 55'19.00"E）2019.07.10

CF 267（43° 43'41.00"N，119° 54'01.00"E）2019.07.10

CF 268（43° 42'06.00"N，119° 55'04.00"E）2019.07.10

CF 269（43° 39'18.00"N，119° 56'38.00"E）2019.07.10

（采样点分布图见第 83 页）

CF 270（43° 37'48.00"N，120° 01'25.00"E）2019.07.10

CF 271（43° 34'42.00"N，120° 02'24.00"E）2019.07.10

CF 272（43° 34'25.00"N，120° 03'13.00"E）2019.07.10

CF 273（43° 33'08.00"N，120° 03'48.00"E）2019.07.10

CF 274（43° 32'20.00"N，120° 06'34.00"E）2019.07.10

（采样点分布图见第 83 页）

赤峰市·阿鲁科尔沁旗

CF 275（43° 31'21.00"N，120° 08'30.00"E）2019.07.10

CF 276（43° 29'49.00"N，120° 11'14.00"E）2019.07.10

CF 277（43° 31'27.00"N，120° 08'27.00"E）2019.07.10

CF 278（43° 37'15.00"N，120° 04'24.00"E）2019.07.10

CF 279（43° 41'54.00"N，120° 06'33.00"E）2019.07.10

（采样点分布图见第 83 页）

CF 280（43° 43'56.00"N，120° 09'47.00"E）2019.07.10

CF 281（43° 44'46.00"N，120° 09'17.00"E）2019.09.16

CF 282（43° 46'30.00"N，120° 07'45.00"E）2019.07.10

CF 284（43° 48'13.00"N，120° 05'56.00"E）2019.07.10

（采样点分布图见第 83 页）

赤峰市 · 翁牛特旗

CF 132（43° 09'57.13"N，119° 21'55.35"E）2019.07.07

CF 133（43° 08'43.98"N，119° 20'50.19"E）2019.07.07

CF 134（43° 06'32.03"N，119° 19'40.34"E）2019.07.07

CF 176（42° 49'56.19"N，119° 08'20.64"E）2019.07.12

CF 177（42° 47'02.17"N，119° 10'34.49"E）2019.07.12

CF 178（42° 43'26.98"N，119° 13'47.40"E）2019.07.12

CF 179（42° 39'06.68"N，119° 12'48.08"E）2019.07.12

（采样点分布图见第 84 页）

赤峰市 · 翁牛特旗

CF 180（42° 36'27.58"N，119° 01'55.60"E）2019.07.12

CF 181（42° 35'42.39"N，119° 06'14.10"E）2019.07.12

CF 182（42° 36'38.35"N，118° 57'12.23"E）2019.07.12

CF 183（42° 38'00.61"N，118° 55'17.74"E）2019.07.12

CF 184（42° 40'04.106"N，118° 58'07.69"E）2019.07.12

CF 185（42° 42'43.92"N，119° 00'37.95"E）2019.07.12

（采样点分布图见第 84 页）

赤峰市 · 翁牛特旗

CF 186（42° 46'20.17"N，119° 00'13.75"E）2019.07.12

CF 187（42° 48'51.96"N，118° 57'33.37"E）2019.07.12

CF 188（42° 53'38.64"N，119° 00'02.73"E）2019.07.12

CF 189（42° 51'45.88"N，118° 57'29.45"E）2019.07.12

CF 190（42° 49'52.35"N，118° 50'46.84"E）2019.07.12

（采样点分布图见第 84 页）

赤峰市·翁牛特旗

CF 286（42° 37'45.00"N，117° 54'15.00"E）2019.07.08

CF 286（42° 37'45.00"N，117° 54'15.00"E）2019.07.08

CF 287（42° 36'50.00"N，117° 53'53.00"E）2019.07.08

CF 287（42° 36'50.00"N，117° 53'53.00"E）2019.07.08

CF 288（42° 37'21.00"N，117° 54'51.00"E）2019.07.08

CF 288（42° 37'21.00"N，117° 54'51.00"E）2019.07.08

CF 289（42° 37'21.00"N，117° 55'51.00"E）2019.07.08

CF 290（42° 40'51.00"N，117° 59'52.00"E）2019.07.08

CF 290（42° 40'51.00"N，117° 59'52.00"E）2019.07.08

CF 291（42° 42'01.00"N，118° 01'16.00"E）2019.07.08

（采样点分布图见第 84 页）

赤峰市·翁牛特旗

CF 291（42° 42'01.00"N，118° 01'16.00"E）2019.07.08

CF 292（42° 43'05.00"N，118° 03'08.00"E）2019.07.08

CF 292（42° 43'05.00"N，118° 03'08.00"E）2019.07.08

CF 293（42° 45'53.00"N，118° 14'20.00"E）2019.07.08

CF 293（42° 45'53.00"N，118° 14'20.00"E）2019.07.08

CF 294（42° 37'45.00"N，117° 54'15.00"E）2019.07.08

CF 295（43° 13'55.92"N，119° 42'29.00"E）2019.07.12

CF 296（43° 13'31.75"N，119° 44'13.36"E）2019.07.12

CF 297（43° 13'19.99"N，119° 49'34.69"E）2019.07.12

CF 298（43° 15'06.31"N，119° 53'11.76"E）2019.07.12

（采样点分布图见第 84 页）

CF 299（43° 15'35.59"N，119° 57'39.45"E）2019.07.12

CF 300（43° 15'15.12"N，120° 00'11.83"E）2019.07.12

CF 301（43° 15'53.55"N，120° 05'30.12"E）2019.07.12

CF 302（43° 16'23.18"N，120° 08'75"E）2019.07.12

CF 303（43° 15'28.78"N，120° 12'29.04"E）2019.07.12

CF 304（43° 17'11.10"N，120° 18'58.56"E）2019.07.12

CF 305（43° 17'55.41"N，120° 22'00.15"E）2019.07.12

CF 306（43° 20'11.50"N，120° 25'53.59"E）2019.07.12

CF 307（43° 22'52.86"N，120° 34'49.14"E）2019.07.12

CF 308（43° 22'21.99"N，119° 37'01.09"E）2019.07.12

（采样点分布图见第 84 页）

赤峰市・翁牛特旗

CF 308（43° 22'21.99"N，119° 37'01.09"E）2019.07.12

CF 309（43° 20'40.30"N，120° 36'26.62"E）2019.07.12

CF 310（43° 16'04.94"N，120° 33'26.65"E）2019.07.12

CF 311（43° 11'08.21"N，120° 27'56.70"E）2019.07.12

CF 312（43° 08'44.21"N，120° 24'39.10"E）2019.07.12

CF 313（43° 11'50.93"N，120° 22'17.83"E）2019.07.12

CF 315（42° 59'15.73"N，119° 04'31.42"E）2019.07.11

CF 316（43° 01'43.29"N，119° 03'54.27"E）2019.07.11

CF 317（43° 06'55.63"N，119° 03'39.19"E）2019.07.11

CF 318（43° 11'11.71"N，119° 08'21.34"E）2019.07.11

（采样点分布图见第 84 页）

赤峰市·翁牛特旗

CF 319（43° 10'22.99"N，119° 12'44.56"E）2019.07.11

CF 320（43° 06'19.06"N，119° 13'57.74"E）2019.07.11

CF 321（43° 14'34.12"N，119° 32'40.91"E）2019.07.11

CF 322（43° 13'49.84"N，119° 33'10.48"E）2019.07.11

CF 323（43° 13'47.54"N，119° 27'26.04"E）2019.07.11

CF 324（43° 12'16.74"N，119° 25'19.27"E）2019.07.11

CF 325（42° 52'14.32"N，119° 06'54.40"E）2019.07.11

CF 327（43° 16'21.00"N，119° 44'44.00"E）2019.07.11

CF 329（43° 17'40.04"N，119° 51'31.81"E）2019.07.11

CF 330（43° 17'36.79"N，119° 55'20.52"E）2019.07.11

（采样点分布图见第 84 页）

赤峰市·翁牛特旗

CF 331（43° 13'45.80"N，119° 42'19.45"E）2019.07.11

CF 332（43° 15'04.43"N，119° 53'01.57"E）2019.07.11

CF 333（43° 17'54.51"N，119° 57'18.63"E）2019.07.11

CF 334（43° 16'48.41"N，120° 11'29.83"E）2019.07.11

CF 335（43° 19'18.43"N，120° 15'43.41"E）2019.07.11

CF 336（43° 20'48.29"N，120° 11'16.06"E）2019.07.11

CF 337（43° 19'59.23"N，120° 10'23.24"E）2019.07.11

CF 338（43° 16'32.82"N，119° 56'36.62"E）2019.07.11

CF 339（43° 13'37.84"N，120° 12'43.11"E）2019.07.11

（采样点分布图见第 84 页）

CF 340（43° 16'19.06"N，120° 06'17.50"E）2019.07.11

CF 346（43° 07'47.00"N，118° 43'46.00"E）2019.07.13

CF 341（43° 16'39.00"N，119° 45'42.00"E）2019.07.13

CF 342（43° 06'08.00"N，118° 30'19.00"E）2019.07.13

CF 343（43° 10'02.00"N，118° 33'25.00"E）2019.07.13

CF 344（43° 10'39.00"N，118° 36'31.00"E）2019.07.13

CF 345（43° 08'59.00"N，118° 39'40.00"E）2019.07.13

（采样点分布图见第 84 页）

赤峰市 · 翁牛特旗

CF 347（43° 06'36.00"N，118° 44'45.00"E）2019.07.13

CF 348（42° 58'55.00"N，120° 01'19.00"E）2019.07.14

CF 349（42° 59'49.00"N，119° 57'05.00"E）2019.07.14

CF 350（43° 00'22.00"N，119° 49'26.00"E）2019.07.14

CF 351（43° 00'35.00"N，119° 46'17.00"E）2019.07.14

CF 352（43° 01'06.00"N，119° 43'35.00"E）2019.07.14

（采样点分布图见第 84 页）

CF 353（43° 01'37.00"N，119° 40'53.00"E）2019.07.14

CF 354（43° 02'48.00"N，119° 38'39.00"E）2019.07.14

CF 356（43° 16'00.00"N，120° 04'48.00"E）2019.07.14

CF 357（43° 15'10.00"N，120° 01'47.00"E）2019.07.14

CF 358（43° 15'24.00"N，119° 56'25.00"E）2019.07.14

CF 359（43° 15'08.00"N，119° 51'47.00"E）2019.07.14

（采样点分布图见第 84 页）

赤峰市 · 翁牛特旗

CF 360（43° 17'03.00"N，119° 49'49.00"E）2019.07.14

CF 361（43° 04'35.00"N，118° 43'20.00"E）2019.07.14

CF 362（43° 12'32.00"N，118° 36'05.00"E）2019.07.14

CF 363（43° 12'54.00"N，118° 36'37.00"E）2019.07.14

CF 365（42° 50'59.70"N，118° 44'37.54"E）2019.07.14

CF 366（42° 50'51.76"N，118° 41'15.48"E）2019.07.14

（采样点分布图见第 84 页）

CF 367（42° 50'19.27"N，118° 31'10.25"E）2019.07.14

CF 368（42° 53'20.74"N，118° 28'22.87"E）2019.07.14

CF 369（42° 58'48.45"N，118° 26'32.38"E）2019.07.14

CF 370（43° 01'57.73"N，118° 27'19.48"E）2019.07.14

CF 371（43° 10'34.97"N，118° 34'05.25"E）2019.07.14

（采样点分布图见第 84 页）

赤峰市 · 克什克腾旗

CF 372（43° 12'59.76"N，117° 52'44.07"E）2019.08.07

CF 373（43° 14'53.01"N，118° 10'57.33"E）2019.08.07

CF 373（43° 14'53.01"N，118° 10'57.33"E）2019.08.07

CF 374（43° 04'40.25"N，118° 20'53.92"E）2019.08.07

CF 375（42° 52'01.81"N，118° 07'39.37"E）2019.08.07

CF 375（42° 52'01.81"N，118° 07'39.37"E）2019.08.07

CF 375（42° 52'01.81"N，118° 07'39.37"E）2019.08.07

CF 375（42° 52'01.81"N，118° 07'39.37"E）2019.08.07

CF 375（42° 52'01.81"N，118° 07'39.37"E）2019.08.07

CF 376（43° 20'17.39"N，117° 50'02.05"E）2019.08.07

（采样点分布图见第 84 页）

CF 376（43° 20'17.39"N，117° 50'02.05"E）2019.08.07

CF 376（43° 20'17.39"N，117° 50'02.05"E）2019.08.07

CF 376（43° 20'17.39"N，117° 50'02.05"E）2019.08.07

CF 377（43° 28'04.14"N，117° 46'21.08"E）2019.08.07

CF 376（43° 20'17.39"N，117° 50'02.05"E）2019.08.07

CF 378（43° 20'25.06"N，117° 31'17.59"E）2019.08.08

CF 379（43° 32'39.48"N，117° 52'27.51"E）2019.08.08

CF 379（43° 32'39.48"N，117° 52'27.51"E）2019.08.08

（采样点分布图见第 84 页）

赤峰市 · 克什克腾旗

CF 380（43° 44'44.98"N，117° 42'26.94"E）2019.08.08

CF 380（43° 44'44.98"N，117° 42'26.94"E）2019.08.08

CF 380（43° 44'44.98"N，117° 42'26.94"E）2019.08.08

CF 380（43° 44'44.98"N，117° 42'26.94"E）2019.08.08

CF 380（43° 44'44.98"N，117° 42'26.94"E）2019.08.08

CF 380（43° 44'44.98"N，117° 42'26.94"E）2019.08.08

CF 381（43° 38'35.53"N，117° 35'58.06"E）2019.08.08

CF 381（43° 38'35.53"N，117° 35'58.06"E）2019.08.08

CF 381（43° 38'35.53"N，117° 35'58.06"E）2019.08.08

CF 382（43° 52'58.06"N，117° 43'46.59"E）2019.08.08

（采样点分布图见第 84 页）

赤峰市 · 克什克腾旗

CF 382（43° 52'58.06"N，117° 43'46.59"E）2019.08.08

CF 382（43° 52'58.06"N，117° 43'46.59"E）2019.08.08

CF 383（43° 54'40.21"N，117° 33'26.51"E）2019.08.08

CF 383（43° 54'40.21"N，117° 33'26.51"E）2019.08.08

CF 383（43° 54'40.21"N，117° 33'26.51"E）2019.08.08

CF 383（43° 54'40.21"N，117° 33'26.51"E）2019.08.08

CF 383（43° 54'40.21"N，117° 33'26.51"E）2019.08.08

CF 383（43° 54'40.21"N，117° 33'26.51"E）2019.08.08

CF 383（43° 54'40.21"N，117° 33'26.51"E）2019.08.08

CF 383（43° 54'40.21"N，117° 33'26.51"E）2019.08.08

（采样点分布图见第 84 页）

赤峰市·克什克腾旗

CF 384（44° 06'16.30"N，117° 24'41.97"E）2019.08.08

CF 385（43° 55'41.70"N，117° 12'59.89"E）2019.08.08

CF 385（43° 55'41.70"N，117° 12'59.89"E）2019.08.08

CF 386（43° 38'43.27"N，117° 11'57.57"E）2019.08.08

CF 387（43° 31'27.70"N，117° 13'17.33"E）2019.08.08

CF 388（43° 21'27.06"N，117° 00'09.57"E）2019.08.08

CF 389（43° 33'29.81"N，116° 55'47.65"E）2019.08.08

CF 390（43° 03'44.94"N，116° 45'20.33"E）2019.08.09

CF 390（43° 03'44.94"N，116° 45'20.33"E）2019.08.09

CF 391（42° 45'39.51"N，116° 44'06.28"E）2019.08.07

（采样点分布图见第 84 页）

赤峰市 · 克什克腾旗

CF 392（42° 40'27.30"N，116° 41'04.02"E）2019.08.07

CF 393（42° 38'15.01"N，116° 44'11.86"E）2019.08.07

CF 394（43° 03'27.22"N，117° 03'17.35"E）2019.08.09

CF 395（43° 01'27.54"N，117° 05'54.15"E）2019.08.07

CF 396（42° 59'50.62"N，117° 35'20.10"E）2019.08.08

CF 397（42° 48'23.50"N，117° 37'11.35"E）2019.08.08

CF 398（42° 42'37.71"N，117° 33'36.24"E）2019.08.08

（采样点分布图见第 84 页）

赤峰市・克什克腾旗

CF 399（42° 34'41.01"N，117° 14'59.54"E）2019.08.08

CF 400（42° 29'10.88"N，117° 16'09.94"E）2019.08.08

CF 401（42° 48'40.55"N，117° 40'02.65"E）2019.08.08

CF 402（42° 49'24.58"N，117° 47'31.09"E）2019.08.08

CF 403（42° 41'40.49"N，117° 51'41.83"E）2019.08.08

CF 404（43° 17'56.65"N，117° 06'57.18"E）2019.08.08

CF 405（43° 13'36.76"N，116° 39'15.25"E）2019.08.08

达里湖

（采样点分布图见第 84 页）

锡林郭勒盟草原图鉴

● 草原科考一队成员

内蒙古大学生命科学学院祁智教授；2016级博士研究生赵曼；2017级硕士研究生孟令博、李慧；2017级本科生朝克图布音；2018级本科生康玉洁、马宇芩、范文瑞、秦璐瑶、张旭。

● 草原科考一队土壤采集地区

苏尼特左旗、西乌珠穆沁旗、东乌珠穆沁旗、阿巴嘎旗、锡林浩特市。

● 草原科考二队成员

内蒙古大学生命科学学院2018级硕士研究生于杰；2019级硕士研究生张睿；2018级本科生张文奇、孙浩、张旭。加利福尼亚大学戴维斯分校（University of California，Davis）本科生李靖琳（Jinglin Li）。

● 草原科考二队土壤采集地区

镶黄旗、正镶白旗、正蓝旗。

● 草原科考三队成员

内蒙古大学生命科学学院2016级博士研究生赵曼；2018级博士研究生高洁；2019级硕士研究生张睿、钟福娜、苏倩、张海东、罗慧、仝梦洁、张利华、张景洋、高洁。内蒙古农业大学园艺与植物保护学院博士后轩辕国超。

● 草原科考三队土壤采集地区

苏尼特右旗、二连浩特市。

● 队员感言

为期24天的内蒙古锡林郭勒盟草原科考之行已圆满结束，我们走过了东、西乌珠穆沁旗、锡林浩特市、阿巴嘎旗、苏尼特左旗、右旗及二连浩特市的天然草场。这里既有绿草青青、美景如画的天然羊草草原，也有草场植被正在逐渐衰退，土地荒漠化日益严重的贫瘠草地。这里既有蒙古族牧民待客的浓浓热情，也有他们对草原的无限热爱。身处草地心胸宽，带着对草原的热爱与憧憬，我们必将走向草原深处，为草原生态环境建设贡献自己的绵薄之力。

——赵 曼

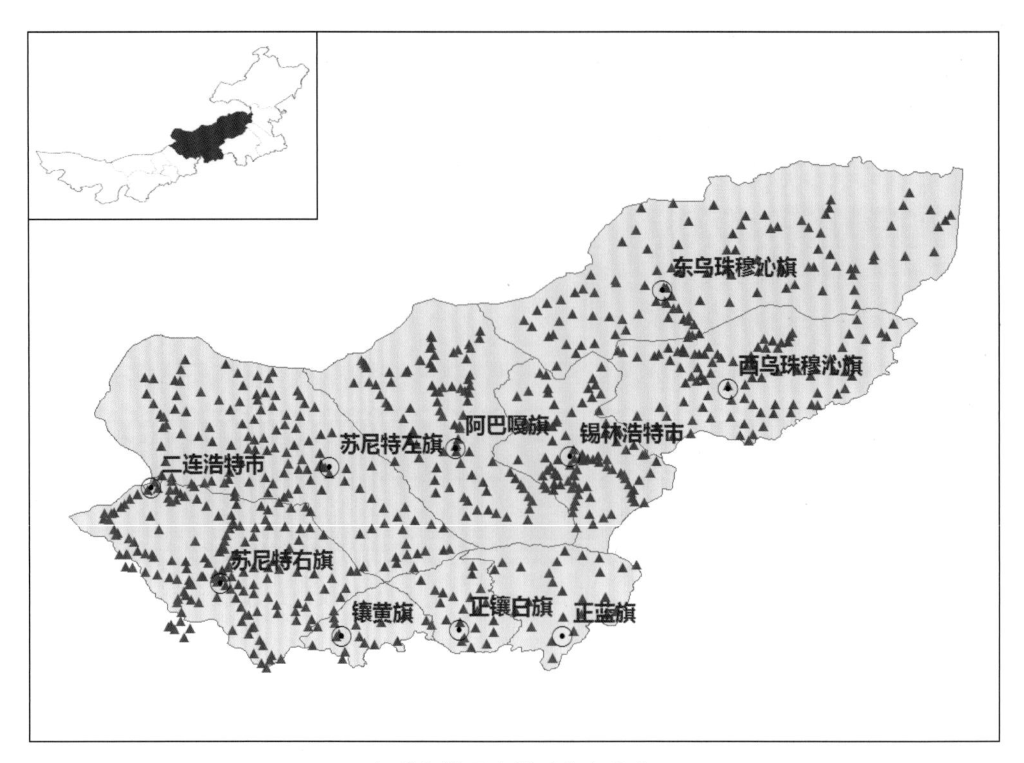

锡林郭勒盟土样采集点分布

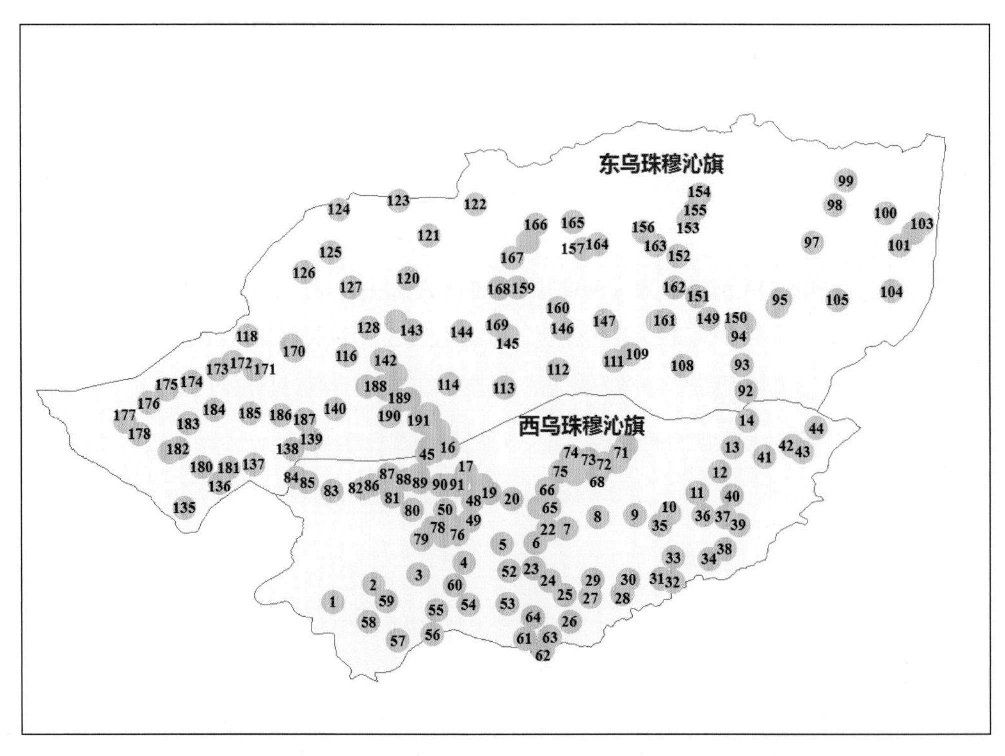

锡林郭勒盟·东乌珠穆沁旗、西乌珠穆沁旗采样点分布和编号

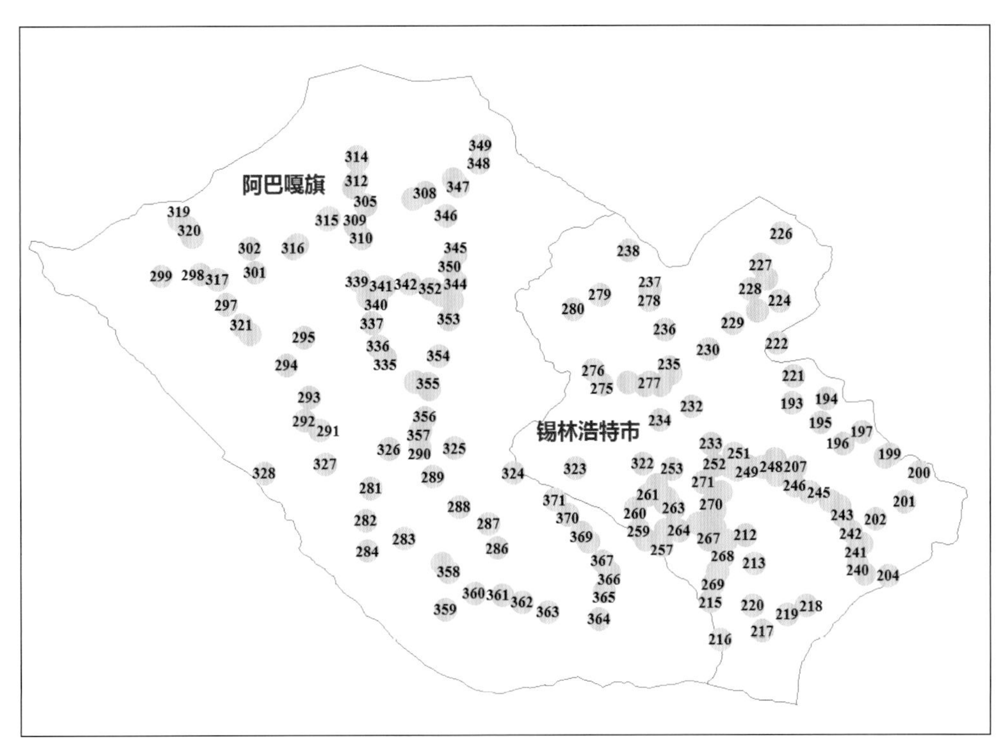

锡林郭勒盟·阿巴嘎旗、锡林浩特市采样点分布和编号

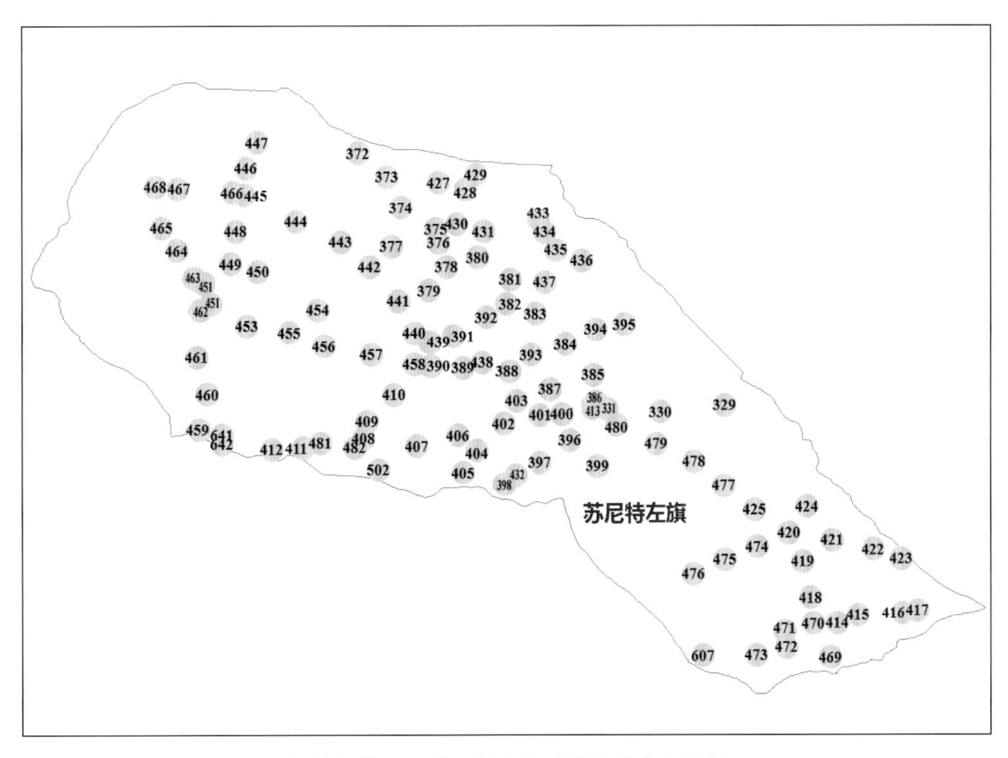

锡林郭勒盟·苏尼特左旗采样点分布和编号

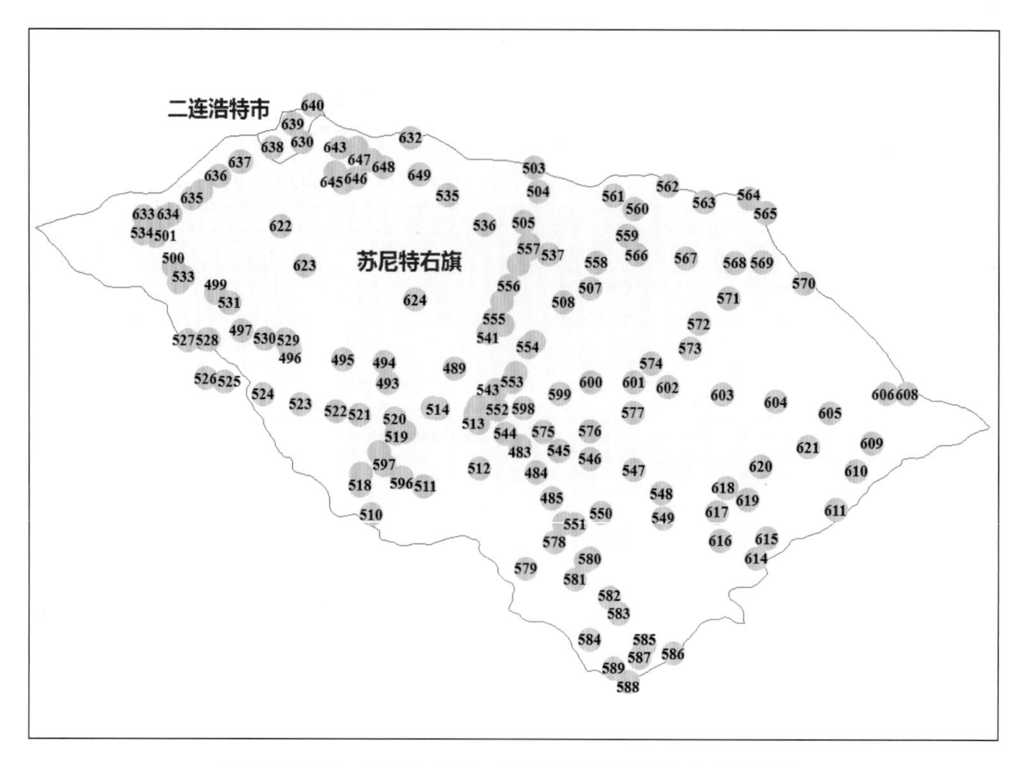

锡林郭勒盟 · 苏尼特右旗、二连浩特市采样点分布和编号

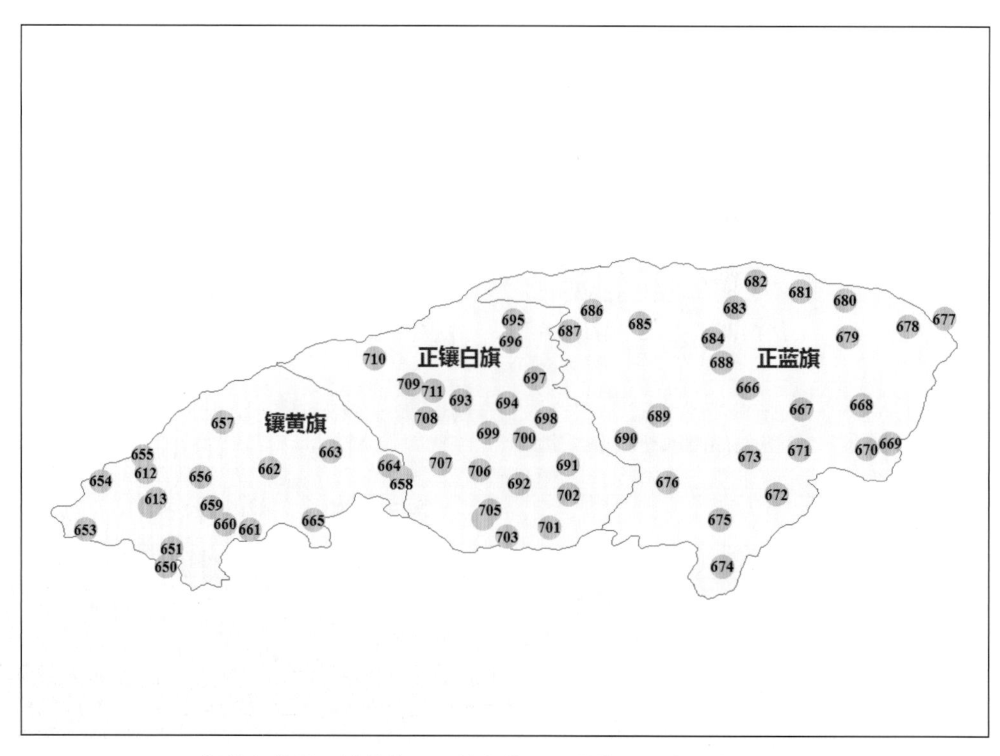

锡林郭勒盟 · 镶黄旗、正镶白旗、正蓝旗采样点分布和编号

XL 001（44° 19'41.44"N，116° 43'24.81"E）2019.07.03

XL 002（44° 24'58.18"N，116° 56'16.13"E）2019.07.03

XL 003（44° 27'55.05"N，117° 10'24.27"E）2019.07.03

XL 004（44° 31'30.37"N，117° 24'37.40"E）2019.07.03

XL 005（44° 37'07.19"N，117° 36'32.80"E）2019.07.03

XL 006（44° 37'33.57"N，117° 46'49.77"E）2019.07.03

XL 007（44° 41'40.03"N，117° 56'14.16"E）2019.07.03

XL 008（44° 45'21.22"N，118° 05'46.13"E）2019.07.03

（采样点分布图见第 146 页）

锡林郭勒盟 · 西乌珠穆沁旗

XL 009（44° 45'50.90"N，118° 17'15.97"E）2019.07.03

XL 010（44° 46'22.05"N，118° 28'03.87"E）2019.07.03

XL 011（44° 52'31.96"N，118° 36'46.23"E）2019.07.03

XL 012（44° 58'52.94"N，118° 43'50.33"E）2019.07.03

XL 013（45° 06'16.47"N，118° 47'40.40"E）2019.07.03

XL 014（45° 14'23.55"N，118° 52'15.12"E）2019.07.03

XL 015（45° 05'18.04"N，117° 15'28.65"E）2019.07.07

XL 016（45° 06'19.95"N，117° 19'41.52"E）2019.07.07

XL 017（44° 58'42.91"N，117° 25'19.14"E）2019.07.07

XL 018（44° 54'59.78"N，117° 30'15.60"E）2019.07.07

（采样点分布图见第 146 页）

XL 019（44° 52'39.86"N，117° 32'36.85"E）2019.07.07

XL 020（44° 50'46.18"N，117° 39'26.00"E）2019.07.07

XL 021（44° 48'06.69"N，117° 47'48.60"E）2019.07.07

XL 022（44° 41'37.29"N，117° 50'33.40"E）2019.07.07

XL 023（44° 29'50.91"N，117° 46'09.51"E）2019.07.08

XL 024（44° 26'13.75"N，117° 51'01.55"E）2019.07.08

XL 025（44° 21'53.70"N，117° 55'33.31"E）2019.07.08

XL 026（44° 13'50.40"N，117° 57'08.68"E）2019.07.08

XL 027（44° 21'11.68"N，118° 03'29.00"E）2019.07.08

XL 028（44° 22'09.97"N，118° 13'23.44"E）2019.07.08

（采样点分布图见第 146 页）

锡林郭勒盟·西乌珠穆沁旗

XL 029（44° 26'23.01"N，118° 04'12.94"E）2019.07.08

XL 030（44° 26'23.58"N，118° 15'12.10"E）2019.07.08

XL 031（44° 26'39.54"N，118° 25'32.44"E）2019.07.08

XL 032（44° 25'47.45"N，118° 29'10.06"E）2019.07.08

XL 033（44° 33'06.36"N，118° 29'18.12"E）2019.07.08

XL 034（44° 32'40.89"N，118° 40'34.05"E）2019.07.08

XL 035（44° 42'43.39"N，118° 25'05.69"E）2019.07.08

XL 036（44° 45'44.97"N，118° 38'34.76"E）2019.07.09

XL 037（44° 45'19.58"N，118° 45'19.27"E）2019.07.09

XL 038（44° 35'41.43"N，118° 45'16.15"E）2019.07.09

（采样点分布图见第 146 页）

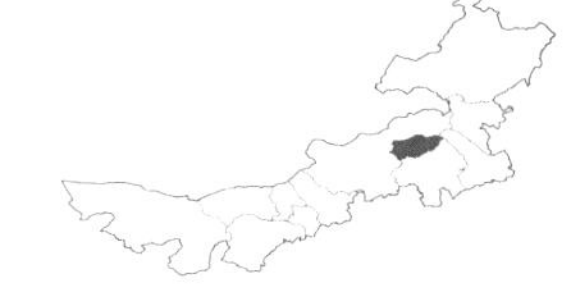

XL 039（44° 42'56.13"N，118° 49'35.11"E）2019.07.09

XL 040（44° 51'39.45"N，118° 47'39.30"E）2019.07.09

XL 041（45° 03'29.28"N，118° 57'45.40"E）2019.07.09

XL 042（45° 06'52.05"N，119° 06'28.34"E）2019.07.09

XL 043（45° 04'55.06"N，119° 09'34.88"E）2019.07.09

XL 044（45° 12'03.34"N，119° 13'52.10"E）2019.07.09

XL 045（45° 04'15.06"N，117° 13'03.41"E）2019.07.07

XL 046（44° 57'53.26"N，117° 10'21.35"E）2019.07.07

XL 047（44° 55'04.86"N，117° 19'45.76"E）2019.07.07

XL 048（44° 50'06.61"N，117° 27'16.24"E）2019.07.07

（采样点分布图见第 146 页）

锡林郭勒盟·西乌珠穆沁旗

XL 048 草原科考队与当地牧民

XL 049（44° 44'12.09"N，117° 26'25.87"E）2019.07.07

XL 050（44° 47'26.23"N，117° 18'41.25"E）2019.07.07

XL 051（44° 42'56.40"N，117° 20'37.82"E）2019.07.07

XL 052（44° 29'03.94"N，117° 38'37.81"E）2019.07.08

XL 053（44° 19'14.12"N，117° 38'06.81"E）2019.07.08

XL 054（44° 18'52.03"N，117° 26'05.74"E）2019.07.08

XL 055（44° 17'18.21"N，117° 15'56.05"E）2019.07.08

XL 056（44° 09'56.82"N，117° 14'44.77"E）2019.07.08

XL 057（44° 08'03.22"N，117° 03'54.22"E）2019.07.08

（采样点分布图见第 146 页）

XL 058（44° 13'43.96"N，116° 54'46.33"E）2019.07.08

XL 059（44° 20'03.42"N，117° 00'23.85"E）2019.07.08

XL 060（44° 24'48.78"N，117° 21'44.71"E）2019.07.08

XL 061（44° 08'47.11"N，117° 43'23.96"E）2019.07.08

XL 062（44° 05'32.79"N，117° 48'50.37"E）2019.07.08

XL 063（44° 09'06.19"N，117° 51'01.56"E）2019.07.08

XL 064（44° 15'11.54"N，117° 45'51.16"E）2019.07.08

XL 065（44° 48'16.68"N，117° 51'07.58"E）2019.07.10

XL 066（44° 53'59.40"N，117° 50'16.23"E）2019.07.10

XL 067（44° 58'10.32"N，117° 58'48.91"E）2019.07.10

（采样点分布图见第 146 页）

锡林郭勒盟·西乌珠穆沁旗

XL 068（44° 58'28.50"N，118° 05'38.68"E）2019.07.10

XL 069（45° 01'55.62"N，118° 11'40.86"E）2019.07.10

XL 070（45° 06'47.02"N，118° 14'33.25"E）2019.07.10

XL 071（45° 04'47.29"N，118° 13'09.91"E）2019.07.10

XL 072（45° 01'22.01"N，118° 07'47.02"E）2019.07.10

XL 073（45° 02'39.20"N，118° 02'51.79"E）2019.07.10

XL 074（45° 03'32.86"N，117° 57'37.20"E）2019.07.10

XL 075（44° 59'03.08"N，117° 54'20.29"E）2019.07.10

XL 076 草原科考队与当地牧民

XL 076（44° 40'03.76"N，117° 22'37.50"E）2019.07.09

（采样点分布图见第 146 页）

XL 077（44° 39'38.38"N，117° 18'14.74"E）2019.07.09

XL 078（44° 42'04.36"N，117° 15'01.28"E）2019.07.09

XL 079（44° 38'37.81"N，117° 11'22.98"E）2019.07.09

XL 080（44° 47'18.66"N，117° 08'28.89"E）2019.07.09

XL 081（44° 51'23.72"N，117° 02'21.53"E）2019.07.09

XL 082（44° 53'51.89"N，116° 53'13.83"E）2019.07.09

XL 083（44° 53'04.86"N，116° 43'06.88"E）2019.07.09

XL 084（44° 57'06.93"N，116° 31'57.01"E）2019.07.09

（采样点分布图见第 146 页）

锡林郭勒盟·西乌珠穆沁旗

XL 085（44° 55'38.64"N，116° 35'19.66"E）2019.07.09

XL 086（44° 54'52.60"N，116° 56'05.29"E）2019.07.09

XL 087（44° 58'16.44"N，117° 01'16.61"E）2019.07.09

XL 088（44° 56'33.73"N，117° 07'00.43"E）2019.07.09

XL 089（44° 55'40.11"N，117° 10'52.70"E）2019.07.09

XL 090（44° 54'57.10"N，117° 17'10.22"E）2019.07.09

XL 091（44° 55'01.76"N，117° 22'33.88"E）2019.07.09

（采样点分布图见第 146 页）

XL 092（45° 23'12.85"N，118° 52'01.12"E）2019.07.03

XL 093（45° 31'08.58"N，118° 50'45.36"E）2019.07.03

XL 094（45° 39'43.35"N，118° 49'43.59"E）2019.07.03

XL 095（45° 50'53.75"N，119° 02'45.17"E）2019.07.04

XL 096（45° 58'08.87"N，119° 06'27.68"E）2019.07.04

XL 097（46° 07'56.84"N，119° 12'44.53"E）2019.07.04

XL 098（46° 19'18.36"N，119° 19'48.84"E）2019.07.04

XL 099（46° 26'41.59"N，119° 23'20.34"E）2019.07.04

XL 100（46° 16'44.97"N，119° 35'44.70"E）2019.07.04

XL 101（46° 07'09.87"N，119° 40'06.96"E）2019.07.04

（采样点分布图见第 146 页）

锡林郭勒盟 · 东乌珠穆沁旗

XL 102（46° 10'54.16"N，119° 44'15.73"E）2019.07.04

XL 103（46° 13'37.54"N，119° 47'07.07"E）2019.07.04

XL 104（45° 53'16.62"N，119° 37'31.45"E）2019.07.04

XL 105（45° 50'42.29"N，119° 20'42.78"E）2019.07.04

XL 106（45° 48'41.18"N，119° 01'54.66"E）2019.07.04

XL 107（45° 43'37.41"N，118° 51'36.50"E）2019.07.04

XL 109（45° 34'23.72"N，118° 16'00.98"E）2019.07.05

XL 110（45° 42'50.61"N，118° 08'49.29"E）2019.07.05

XL 111（45° 32'15.59"N，118° 10'59.16"E）2019.07.05

XL 112（45° 29'48.36"N，117° 53'46.02"E）2019.07.05

（采样点分布图见第 146 页）

XL 114（45° 25'16.98"N，117° 19'59.70"E）2019.07.05

XL 115（45° 27'57.72"N，117° 03'44.89"E）2019.07.05

XL 116（45° 33'53.67"N，116° 47'59.56"E）2019.07.05

XL 117（45° 36'51.10"N，116° 30'29.19"E）2019.07.05

XL 118（45° 39'48.63"N，116° 16'28.33"E）2019.07.05

XL 119（45° 44'13.48"N，117° 03'42.07"E）2019.07.06

XL 120（45° 57'15.87"N，117° 07'22.13"E）2019.07.06

XL 121（46° 10'09.64"N，117° 13'53.82"E）2019.07.06

XL 122（46° 19'26.80"N，117° 28'26.76"E）2019.07.06

XL 123（46° 20'38.91"N，117° 04'32.23"E）2019.07.06

（采样点分布图见第 146 页）

锡林郭勒盟·东乌珠穆沁旗

XL 124（46° 17'54.34"N，116° 45'35.50"E）2019.07.06

XL 125（46° 05'04.73"N，116° 42'46.70"E）2019.07.06

XL 127（45° 54'31.00"N，116° 49'25.50"E）2019.07.06

XL 128（45° 42'20.36"N，116° 54'59.60"E）2019.07.06

XL 129（45° 32'37.63"N，116° 59'08.89"E）2019.07.06

XL 130（45° 23'50.56"N，117° 00'38.90"E）2019.07.07

XL 131（45° 20'47.40"N，117° 07'41.30"E）2019.07.07

XL 132（45° 16'18.85"N，117° 13'41.20"E）2019.07.07

XL 133（45° 13'35.49"N，117° 12'54.40"E）2019.07.07

XL 134（45° 11'26.57"N，117° 16'49.60"E）2019.07.07

（采样点分布图见第 146 页）

XL 135（44° 48'02.70"N，115° 56'42.71"E）2019.07.03

XL 136（44° 55'29.34"N，116° 07'42.93"E）2019.07.03

XL 137（45° 01'08.87"N，116° 18'18.59"E）2019.07.03

XL 138（45° 05'45.85"N，116° 30'41.39"E）2019.07.03

XL 139（45° 08'41.92"N，116° 36'42.49"E）2019.07.03

XL 140（45° 17'49.28"N，116° 44'13.14"E）2019.07.03

XL 141（45° 24'42.18"N，116° 54'34.42"E）2019.07.03

XL 142（45° 32'29.66"N，117° 00'16.47"E）2019.07.03

XL 143（45° 41'30.02"N，117° 08'24.70"E）2019.07.03

XL 144（45° 41'11.37"N，117° 24'12.10"E）2019.07.03

（采样点分布图见第 146 页）

锡林郭勒盟・东乌珠穆沁旗

XL 145（45° 40'02.31"N，117° 38'13.73"E）2019.07.03

XL 146（45° 42'02.56"N，117° 54'56.45"E）2019.07.03

XL 147（45° 44'24.06"N，118° 07'56.82"E）2019.07.03

XL 148（45° 44'19.97"N，118° 24'18.26"E）2019.07.03

XL 149（45° 44'59.42"N，118° 40'09.92"E）2019.07.03

XL 150（45° 43'18.45"N，118° 48'51.42"E）2019.07.04

XL 151（45° 51'47.64"N，118° 36'41.83"E）2019.07.04

XL 152（46° 03'56.34"N，118° 30'57.09"E）2019.07.04

XL 153（46° 14'37.24"N，118° 34'07.99"E）2019.07.04

XL 154（46° 22'34.18"N，118° 37'28.92"E）2019.07.04

（采样点分布图见第 146 页）

XL 155（46° 17'45.60"N，118° 36'06.35"E）2019.07.04

XL 156（46° 11'00.55"N，118° 20'04.03"E）2019.07.04

XL 157（46° 06'05.04"N，118° 01'37.49"E）2019.07.04

XL 158（46° 08'15.97"N，117° 44'33.52"E）2019.07.04

XL 159（45° 54'20.00"N，117° 41'13.16"E）2019.07.04

XL 160（45° 48'19.74"N，117° 53'42.69"E）2019.07.04

XL 161（45° 44'35.01"N，118° 26'54.40"E）2019.07.05

XL 162（45° 54'26.82"N，118° 29'47.15"E）2019.07.05

XL 163（46° 06'57.91"N，118° 23'54.75"E）2019.07.05

XL 164（46° 07'24.46"N，118° 05'52.59"E）2019.07.05

（采样点分布图见第 146 页）

锡林郭勒盟·东乌珠穆沁旗

XL 165（46° 13'59.60"N，117° 58'15.51"E）2019.07.05

XL 166 草原科考队与当地牧民

XL 166（46° 13'19.53"N，117° 46'59.13"E）2019.07.05

XL 167（46° 03'17.89"N，117° 39'42.16"E）2019.07.05

XL 168（45° 54'07.00"N，117° 35'41.92"E）2019.07.05

XL 169（45° 43'11.92"N，117° 35'13.78"E）2019.07.05

XL 170（45° 35'16.25"N，116° 31'18.44"E）2019.07.06

XL 171（45° 29'45.04"N，116° 18'36.95"E）2019.07.06

XL 172（45° 31'43.07"N，116° 11'57.39"E）2019.07.06

XL 173（45° 29'40.15"N，116° 07'03.83"E）2019.07.06

（采样点分布图见第 146 页）

XL 174（45° 25'56.91"N，115° 58'56.32"E）2019.07.06

XL 175（45° 23'40.51"N，115° 51'18.92"E）2019.07.06

XL 176（45° 19'40.91"N，115° 45'34.95"E）2019.07.06

XL 177（45° 14'07.05"N，115° 37'58.14"E）2019.07.06

XL 178（45° 10'21.22"N，115° 42'36.34"E）2019.07.06

XL 179（45° 04'50.91"N，115° 52'06.23"E）2019.07.06

XL 180（45° 00'26.74"N，116° 02'02.46"E）2019.07.06

XL 181（45° 00'08.03"N，116° 10'36.63"E）2019.07.06

XL 182（45° 05'53.48"N，115° 54'43.99"E）2019.07.06

XL 183（45° 13'26.21"N，115° 57'59.76"E）2019.07.06

（采样点分布图见第 146 页）

锡林郭勒盟 · 东乌珠穆沁旗

XL 184（45° 17'37.54"N，116° 06'00.29"E）2019.07.06

XL 185（45° 16'28.74"N，116° 17'25.99"E）2019.07.06

XL 186（45° 16'01.78"N，116° 26'55.33"E）2019.07.06

XL 187（45° 14'38.10"N，116° 34'31.54"E）2019.07.06

XL 188（45° 24'34.30"N，116° 59'35.33"E）2019.07.07

XL 189（45° 20'32.96"N，117° 04'36.18"E）2019.07.07

XL 190（45° 15'39.65"N，117° 01'21.37"E）2019.07.07

XL 191（45° 14'22.04"N，117° 10'45.73"E）2019.07.07

XL 192（45° 06'13.61"N，117° 13'46.39"E）2019.07.07

（采样点分布图见第 146 页）

XL 193（44° 09'41.37"N，116° 24'45.56"E）2019.07.03

XL 194（44° 10'41.44"N，116° 32'51.47"E）2019.07.10

XL 195（44° 05'18.00"N，116° 31'16.74"E）2019.07.10

XL 196（44° 00'35.54"N，116° 36'40.01"E）2019.07.10

XL 197（44° 03'14.17"N，116° 41'05.83"E）2019.07.10

XL 198（43° 57'26.32"N，116° 46'29.80"E）2019.07.10

XL 199（43° 58'06.93"N，116° 47'39.05"E）2019.07.10

XL 200（43° 54'00.94"N，116° 54'28.06"E）2019.07.10

XL 201（43° 47'25.12"N，116° 51'04.86"E）2019.07.10

XL 202（43° 43'33.01"N，116° 44'18.36"E）2019.07.10

（采样点分布图见第 147 页）

锡林郭勒盟·锡林浩特市

XL 203（43° 31'08.16"N，116° 41'32.86"E）2019.07.11

XL 204（43° 30'43.26"N，116° 47'15.31"E）2019.07.11

XL 205（43° 37'56.77"N，116° 40'59.18"E）2019.07.11

XL 206（43° 46'26.04"N，116° 35'43.63"E）2019.07.11

XL 207（43° 55'17.92"N，116° 25'37.81"E）2019.07.11

XL 209（43° 49'42.21"N，116° 08'14.79"E）2019.07.12

XL 210（43° 45'41.87"N，116° 06'43.88"E）2019.07.12

XL 211（43° 38'52.26"N，116° 09'21.01"E）2019.07.12

XL 212（43° 39'59.50"N，116° 13'56.44"E）2019.07.12

XL 213（43° 33'35.77"N，116° 15'46.84"E）2019.07.12

（采样点分布图见第 147 页）

XL 214（43° 31'45.85"N，116° 07'26.53"E）2019.07.12

XL 215（43° 25'10.82"N，116° 05'44.80"E）2019.07.12

XL 216（43° 16'30.94"N，116° 07'58.24"E）2019.07.12

XL 217（43° 18'22.98"N，116° 17'37.05"E）2019.07.12

XL 218（43° 24'01.66"N，116° 27'56.41"E）2019.07.12

XL 219（43° 22'07.16"N，116° 23'35.78"E）2019.07.12

XL 220（43° 24'07.17"N，116° 15'22.48"E）2019.07.12

XL 221（44° 15'49.14"N，116° 25'04.09"E）2019.07.13

XL 222（44° 23'10.63"N，116° 21'13.09"E）2019.07.13

XL 223（44° 30'25.05"N，116° 16'42.83"E）2019.07.13

（采样点分布图见第 147 页）

锡林郭勒盟·锡林浩特市

XL 224（44° 32'43.06"N，116° 21'56.34"E）2019.07.13

XL 225（44° 37'49.66"N，116° 18'50.57"E）2019.07.13

XL 226（44° 47'58.78"N，116° 22'18.41"E）2019.07.13

XL 227（44° 40'55.41"N，116° 17'29.46"E）2019.07.13

XL 228（44° 35'20.94"N，116° 15'01.91"E）2019.07.13

XL 229（44° 27'42.88"N，116° 11'06.73"E）2019.07.13

XL 230（44° 21'45.55"N，116° 05'30.20"E）2019.07.13

XL 231（44° 16'24.43"N，115° 56'42.04"E）2019.07.13

XL 232（44° 08'56.64"N，116° 01'33.58"E）2019.07.13

XL 233（44° 00'30.10"N，116° 06'05.41"E）2019.07.13

（采样点分布图见第 147 页）

XL 234（44° 05'52.37"N，115° 54'03.50"E）2019.07.03

XL 235（44° 17'50.56"N，115° 56'24.90"E）2019.07.03

XL 236（44° 26'20.56"N，115° 55'16.20"E）2019.07.03

XL 237（44° 35'34.26"N，115° 51'50.30"E）2019.07.03

XL 238（44° 44'06.55"N，115° 46'54.36"E）2019.07.03

XL 239（43° 55'28.27"N，116° 10'17.22"E）2019.07.11

XL 240（43° 33'02.89"N，116° 40'01.22"E）2019.07.11

XL 241（43° 36'23.74"N，116° 39'31.51"E）2019.07.11

XL 242（43° 40'44.28"N，116° 38'20.78"E）2019.07.11

XL 243（43° 44'23.42"N，116° 36'22.06"E）2019.07.11

（采样点分布图见第 147 页）

锡林郭勒盟 · 锡林浩特市

XL 244（43° 47'41.33"N，116° 33'39.00"E）2019.07.11

XL 245（43° 49'34.33"N，116° 28'43.49"E）2019.07.11

XL 246（43° 51'05.63"N，116° 25'25.12"E）2019.07.11

XL 247（43° 53'27.42"N，116° 21'04.61"E）2019.07.11

XL 248（43° 55'18.14"N，116° 17'39.70"E）2019.07.11

XL 249（43° 55'32.82"N，116° 14'15.14"E）2019.07.11

XL 250（43° 54'39.33"N，116° 11'56.32"E）2019.07.11

XL 251（43° 58'21.49"N，116° 11'13.54"E）2019.07.11

XL 252（43° 55'41.47"N，116° 06'51.90"E）2019.07.11

XL 253（43° 54'56.05"N，115° 56'55.65"E）2019.07.12

（采样点分布图见第 147 页）

XL 254（43° 51'14.43"N，115° 53'16.47"E）2019.07.12

XL 255（43° 47'11.85"N，115° 55'26.17"E）2019.07.12

XL 256（43° 41'11.46"N，115° 55'21.79"E）2019.07.12

XL 257（43° 37'35.72"N，115° 54'28.98"E）2019.07.12

XL 258（43° 38'58.08"N，115° 50'37.05"E）2019.07.12

XL 259（43° 41'07.17"N，115° 49'07.67"E）2019.07.12

XL 260（43° 45'59.63"N，115° 48'20.01"E）2019.07.12

XL 261（43° 49'07.88"N，115° 51'17.07"E）2019.07.12

XL 262（43° 48'09.08"N，115° 55'41.94"E）2019.07.12

XL 263（43° 46'07.75"N，115° 57'18.85"E）2019.07.12

（采样点分布图见第 147 页）

锡林郭勒盟・锡林浩特市

XL 264（43° 41'01.22"N，115° 58'32.21"E）2019.07.12

XL 265（43° 42'39.40"N，116° 03'00.91"E）2019.07.12

XL 266（43° 41'30.08"N，116° 06'53.68"E）2019.07.12

XL 267（43° 39'04.18"N，116° 05'25.23"E）2019.07.12

XL 268（43° 35'07.82"N，116° 08'35.86"E）2019.07.12

XL 269（43° 28'51.21"N，116° 06'25.72"E）2019.07.12

XL 270（43° 46'50.70"N，116° 06'02.47"E）2019.07.12

XL 271（43° 51'51.07"N，116° 04'06.50"E）2019.07.12

XL 272（44° 13'42.67"N，115° 50'44.76"E）2019.07.13

XL 273（44° 13'42.67"N，115° 54'17.42"E）2019.07.13

（采样点分布图见第 147 页）

XL 274（44° 14'22.70"N，115° 46'40.37"E）2019.07.13

XL 275（44° 13'58.54"N，115° 40'39.10"E）2019.07.13

XL 276（44° 17'09.91"N，115° 38'39.75"E）2019.07.13

XL 277（44° 14'21.20"N，115° 51'37.62"E）2019.07.13

XL 278（44° 32'53.25"N，115° 51'38.76"E）2019.07.13

XL 279（44° 34'09.64"N，115° 40'19.42"E）2019.07.13

XL 280（44° 30'54.27"N，115° 34'01.00"E）2019.07.13

XL 322（43° 56'04.88"N，115° 50'11.28"E）2019.07.21

XL 323（44° 58'42.91"N，115° 34'23.46"E）2019.07.14

（采样点分布图见第 147 页）

锡林郭勒盟 · 阿巴嘎旗

XL 281（43° 50'42.88"N，114° 46'50.25"E）2019.07.19

XL 282（43° 43'27.98"N，114° 45'36.17"E）2019.07.19

XL 283（43° 39'17.68"N，114° 54'34.47"E）2019.07.19

XL 284（43° 36'31.26"N，114° 46'10.13"E）2019.07.19

XL 285（43° 33'50.53"N，115° 03'11.04"E）2019.07.19

XL 286（43° 37'06.78"N，115° 16'03.66"E）2019.07.19

XL 287（43° 42'34.66"N，115° 14'01.68"E）2019.07.19

XL 288（43° 46'28.29"N，115° 07'17.85"E）2019.07.19

XL 289（43° 53'12.91"N，115° 01'06.55"E）2019.07.19

XL 290（43° 59'47.40"N，114° 58'09.94"E）2019.07.19

（采样点分布图见第 147 页）

锡林郭勒盟·阿巴嘎旗

XL 291（44° 03 '41.41 "N，114° 35 '18.76 "E）2019.07.20

XL 292（44° 05 '53.76 "N，114° 31 '31.46 "E）2019.07.20

XL 293（44° 11 '15.56 "N，114° 32 '49.68 "E）2019.07.20

XL 294（44° 18 '28.23 "N，114° 27 '36.54 "E）2019.07.19

XL 295（44° 24 '39.76 "N，114° 31 '32.88 "E）2019.07.19

XL 296（44° 25 '32.35 "N，114° 19 '07.27 "E）2019.07.19

XL 297（44° 32 '03.19 "N，114° 13 '34.62 "E）2019.07.20

XL 298（44° 38 '54.21 "N，114° 07 '24.16 "E）2019.07.20

XL 299（44° 38 '37.02 "N，113° 58 '21.17 "E）2019.07.20

XL 300（44° 47 '22.37 "N，114° 05 '36.73 "E）2019.07.20

（采样点分布图见第 147 页）

锡林郭勒盟・阿巴嘎旗

XL 301（44° 39'23.16"N，114° 20'18.30"E）2019.07.20

XL 302（44° 44'47.38"N，114° 19'07.86"E）2019.07.20

XL 303（44° 45'33.97"N，114° 30'14.99"E）2019.07.20

XL 304（44° 51'33.26"N，114° 37'26.31"E）2019.07.20

XL 305（44° 54'22.29"N，114° 45'57.29"E）2019.07.20

XL 306（44° 55'48.96"N，114° 56'48.60"E）2019.07.20

XL 307（45° 00'23.20"N，115° 06'02.67"E）2019.07.20

XL 308（44° 57'13.09"N，114° 59'35.08"E）2019.07.21

XL 309（44° 49'53.67"N，114° 43'24.19"E）2019.07.21

XL 310（44° 47'02.46"N，114° 44'50.25"E）2019.07.21

（采样点分布图见第 147 页）

XL 311（44° 58'32.26"N，114° 43'07.87"E）2019.07.21

XL 312（44° 59'57.33"N，114° 43'49.28"E）2019.07.21

XL 313（45° 04'37.30"N，114° 44'09.88"E）2019.07.21

XL 314（45° 05'23.88"N，114° 43'48.79"E）2019.07.21

XL 315（44° 51'10.48"N，114° 37'01.17"E）2019.07.21

XL 316（44° 44'51.96"N，114° 29'14.57"E）2019.07.21

XL 317（44° 37'44.92"N，114° 11'23.53"E）2019.07.21

XL 318（44° 49'42.75"N，114° 04'22.44"E）2019.09.03

XL 320（44° 48'55.59"N，114° 05'01.44"E）2019.07.21

XL 321（44° 27'30.51"N，114° 17'11.42"E）2019.07.21

（采样点分布图见第 147 页）

锡林郭勒盟 · 阿巴嘎旗

XL 324（43° 53'59.47"N，115° 19'55.35"E）2019.07.14

XL 325（43° 59'38.26"N，115° 06'13.83"E）2019.07.14

XL 326（43° 59'25.95"N，114° 51'02.29"E）2019.07.14

XL 327（43° 56'09.36"N，114° 36'27.03"E）2019.07.14

XL 328（43° 54'05.55"N，114° 22'24.74"E）2019.07.14

XL 332（44° 03'41.74"N，114° 58'26.08"E）2019.07.20

XL 333（44° 12'57.53"N，115° 00'24.30"E）2019.07.20

XL 334（44° 14'36.22"N，114° 57'12.05"E）2019.07.20

XL 335（44° 20'08.61"N，114° 50'24.30"E）2019.07.20

XL 336（44° 22'44.16"N，114° 48'46.29"E）2019.07.20

（采样点分布图见第 147 页）

XL 337（44° 27'52.32"N，114° 47'20.05"E）2019.07.20

XL 338（44° 33'46.81"N，114° 46'22.09"E）2019.07.20

XL 339（44° 37'18.72"N，114° 44'12.61"E）2019.07.20

XL 340（44° 33'36.90"N，114° 48'15.23"E）2019.07.20

XL 341（44° 36'09.83"N，114° 50'03.03"E）2019.07.20

XL 342（44° 36'42.00"N，114° 56'03.40"E）2019.07.20

XL 343（44° 34'04.98"N，115° 03'13.32"E）2019.07.20

XL 344（44° 37'13.40"N，115° 06'36.91"E）2019.07.20

XL 345（44° 43'20.52"N，115° 06'39.61"E）2019.07.20

XL 346（44° 52'05.65"N，115° 04'28.14"E）2019.07.20

（采样点分布图见第 147 页）

锡林郭勒盟·阿巴嘎旗

XL 347（44° 58'37.11"N，115° 07'08.36"E）2019.07.20

XL 348（45° 03'56.32"N，115° 12'09.33"E）2019.07.20

XL 349（45° 07'51.82"N，115° 12'32.06"E）2019.07.20

XL 350（44° 40'43.92"N，115° 05'18.93"E）2019.07.21

XL 351（44° 32'50.77"N，115° 05'50.80"E）2019.07.21

XL 352（44° 35'35.74"N，115° 00'42.66"E）2019.07.21

XL 353（44° 28'42.47"N，115° 04'58.13"E）2019.07.21

XL 354（44° 20'31.96"N，115° 02'39.82"E）2019.07.21

XL 355（44° 14'17.54"N，115° 00'17.47"E）2019.07.21

XL 356（44° 06'28.69"N，114° 59'19.18"E）2019.07.21

（采样点分布图见第 147 页）

XL 356 草原科考队与当地牧民

XL 357（44° 02'34.54"N，114° 57'58.93"E）2019.07.21

XL 358（43° 31'49.10"N，115° 04'44.91"E）2019.07.19

XL 359（43° 23'19.21"N，115° 04'01.77"E）2019.07.19

XL 360（43° 26'52.71"N，115° 10'48.01"E）2019.07.19

XL 361（43° 26'33.85"N，115° 17'16.85"E）2019.07.19

XL 362（43° 24'53.64"N，115° 21'56.69"E）2019.07.19

XL 363（43° 22'43.64"N，115° 27'56.16"E）2019.07.19

（采样点分布图见第 147 页）

锡林郭勒盟·阿巴嘎旗

XL 364（43° 21'04.33"N，115° 39'52.75"E）2019.07.19

XL 365（43° 27'19.50"N，115° 41'05.41"E）2019.07.19

XL 366（43° 31'31.13"N，115° 42'13.80"E）2019.07.19

XL 367（43° 34'11.49"N，115° 40'36.87"E）2019.07.19

XL 368（43° 38'36.90"N，115° 37'26.19"E）2019.07.19

XL 369（43° 40'39.06"N，115° 35'49.63"E）2019.07.19

XL 370（43° 44'40.36"N，115° 32'40.80"E）2019.07.19

XL 371（43° 47'57.78"N，115° 29'35.81"E）2019.07.19

（采样点分布图见第 147 页）

XL 329（43° 51 '40.30 "N，114° 08 '43.48 "E）2019.07.14

XL 330（43° 50 '02.83 "N，113° 53 '32.05 "E）2019.07.14

XL 331（43° 50 '39.22 "N，113° 40 '57.19 "E）2019.07.14

XL 372（44° 49 '25.75 "N，112° 42 '09.91 "E）2019.07.15

XL 373（44° 44 '01.31 "N，112° 48 '58.42 "E）2019.07.15

XL 374（44° 36 '57.48 "N，112° 52 '15.84 "E）2019.07.15

XL 375（44° 32 '00.52 "N，113° 00 '27.97 "E）2019.07.15

XL 376（44° 28 '55.14 "N，113° 01 '05.55 "E）2019.07.15

XL 377（44° 28 '04.22 "N，112° 49 '58.10 "E）2019.07.15

XL 378（44° 23 '19.54 "N，113° 02 '54.06 "E）2019.07.15

（采样点分布图见第 147 页）

锡林郭勒盟·苏尼特左旗

XL 379（44° 17'53.83"N，112° 58'43.30"E）2019.07.15

XL 380（44° 25'26.88"N，113° 10'13.04"E）2019.07.15

XL 381（44° 20'24.69"N，113° 17'53.96"E）2019.07.15

XL 382（44° 14'47.90"N，113° 16'53.23"E）2019.07.15

XL 383（44° 12'33.30"N，113° 23'50.22"E）2019.07.15

XL 384（44° 05'37.40"N，113° 31'01.39"E）2019.07.15

XL 385（43° 58'32.20"N，113° 37'38.62"E）2019.07.15

XL 386（43° 52'22.83"N，113° 38'10.95"E）2019.07.16

XL 387（44° 55'17.19"N，113° 27'22.07"E）2019.07.16

XL 388（43° 59'19.60"N，113° 17'51.74"E）2019.07.16

（采样点分布图见第 147 页）

XL 389（44° 00'10.71"N，113° 06'39.76"E）2019.07.16

XL 390（44° 00'35.28"N，112° 59'14.14"E）2019.07.16

XL 391（44° 07'27.99"N，113° 04'29.82"E）2019.07.16

XL 392（44° 11'43.78"N，113° 12'13.15"E）2019.07.16

XL 393（44° 03'08.32"N，113° 22'49.92"E）2019.07.16

XL 394（44° 09'02.30"N，113° 38'14.86"E）2019.07.16

XL 395（44° 10'06.16"N，113° 45'03.35"E）2019.07.16

XL 396（43° 43'37.04"N，113° 32'08.58"E）2019.07.16

XL 397（43° 38'29.19"N，113° 24'51.24"E）2019.07.16

XL 398（43° 33'35.10"N，113° 16'26.87"E）2019.07.16

（采样点分布图见第 147 页）

锡林郭勒盟·苏尼特左旗

XL 399（43° 37'43.44"N，113° 38'44.41"E）2019.07.16

XL 400（43° 49'35.38"N，113° 30'10.73"E）2019.07.17

XL 401（43° 49'22.64"N，113° 24'57.76"E）2019.07.17

XL 402（43° 47'22.78"N，113° 16'19.39"E）2019.07.17

XL 403（43° 52'36.38"N，113° 19'20.76"E）2019.07.17

XL 404（43° 41'21.81"N，113° 10'01.77"E）2019.07.17

XL 405（43° 36'08.70"N，113° 06'47.56"E）2019.07.17

XL 406（43° 44'46.85"N，113° 05'24.58"E）2019.07.17

XL 407（43° 42'17.91"N，112° 55'53.23"E）2019.07.17

XL 408（43° 44'04.14"N，112° 43'28.46"E）2019.07.17

（采样点分布图见第 147 页）

XL 409（43° 47'56.33"N，112° 44'10.66"E）2019.07.17

XL 410（43° 54'06.33"N，112° 50'30.34"E）2019.07.17

XL 411（43° 41'52.73"N，112° 29'15.61"E）2019.07.17

XL 412（43° 41'38.26"N，112° 21'53.82"E）2019.07.17

XL 413（43° 51'01.50"N，113° 37'25.41"E）2019.07.17

XL 414（43° 01'43.60"N，114° 35'21.79"E）2019.07.18

XL 415（43° 03'33.84"N，114° 40'15.88"E）2019.07.18

XL 416（43° 03'51.83"N，114° 50'58.24"E）2019.07.18

XL 417（43° 04'28.71"N，114° 54'32.80"E）2019.07.18

XL 418（43° 07'29.50"N，114° 28'57.99"E）2019.07.18

（采样点分布图见第 147 页）

锡林郭勒盟 · 苏尼特左旗

XL 419（43° 15'43.78"N，114° 27'11.05"E）2019.07.18

XL 420（43° 22'24.04"N，114° 23'58.51"E）2019.07.18

XL 421（43° 20'45.69"N，114° 34'02.49"E）2019.07.18

XL 422（43° 18'32.46"N，114° 43'50.73"E）2019.07.18

XL 423（43° 16'27.75"N，114° 50'44.52"E）2019.07.18

XL 424（43° 28'23.84"N，114° 28'16.68"E）2019.07.18

XL 425（43° 27'41.54"N，114° 15'46.92"E）2019.07.18

XL 426（44° 43'15.03"N，115° 50'42.78"E）2019.07.15

XL 427（44° 42'40.08"N，113° 00'53.95"E）2019.07.15

XL 428（44° 41'00.90"N，113° 07'16.08"E）2019.07.15

（采样点分布图见第 147 页）

XL 429（44° 44'31.23"N，113° 09'53.27"E）2019.07.15

XL 430（44° 33'08.74"N，113° 05'19.86"E）2019.07.15

XL 431（44° 31'23.99"N，113° 11'43.29"E）2019.07.15

XL 432（43° 35'34.94"N，113° 19'18.61"E）2019.07.15

XL 433（44° 34'11.65"N，113° 24'43.78"E）2019.07.15

XL 434（44° 31'20.23"N，113° 26'08.04"E）2019.07.15

XL 435（44° 27'10.36"N，113° 28'45.89"E）2019.07.15

XL 436（44° 24'47.58"N，113° 35'00.75"E）2019.07.15

XL 437（44° 19'49.76"N，113° 26'06.13"E）2019.07.15

XL 438（44° 01'25.99"N，113° 11'10.72"E）2019.07.15

（采样点分布图见第 147 页）

锡林郭勒盟・苏尼特左旗

XL 439（44° 06'12.12"N，112° 58'51.40"E）2019.07.16

XL 440（44° 08'13.81"N，112° 55'12.12"E）2019.07.16

XL 441（44° 15'32.41"N，112° 51'39.68"E）2019.07.16

XL 442（44° 23'21.50"N，112° 44'47.98"E）2019.07.16

XL 443（44° 28'59.29"N，112° 38'05.20"E）2019.07.16

XL 444（44° 33'46.21"N，112° 27'35.46"E）2019.07.16

XL 445（44° 39'48.64"N，112° 15'26.04"E）2019.07.16

XL 446（44° 46'04.00"N，112° 15'49.28"E）2019.07.16

XL 447（44° 51'51.09"N，112° 18'19.65"E）2019.07.16

XL 448（44° 31'31.38"N，112° 13'21.16"E）2019.07.16

（采样点分布图见第 147 页）

XL 449（44° 24'01.58"N，112° 12'09.85"E）2019.07.16

XL 450（44° 22'15.19"N，112° 18'40.13"E）2019.07.16

XL 451（44° 19'31.22"N，112° 05'43.50"E）2019.07.16

XL 452（44° 14'50.08"N，112° 07'21.40"E）2019.07.16

XL 453（44° 09'53.18"N，112° 15'57.58"E）2019.07.16

XL 454（44° 13'31.47"N，112° 32'40.22"E）2019.07.16

XL 455（44° 08'17.41"N，112° 25'58.72"E）2019.07.16

XL 456（44° 05'12.51"N，112° 34'10.90"E）2019.07.16

XL 457（44° 03'14.80"N，112° 45'13.44"E）2019.07.16

XL 458（44° 00'57.08"N，112° 55'10.75"E）2019.07.16

（采样点分布图见第 147 页）

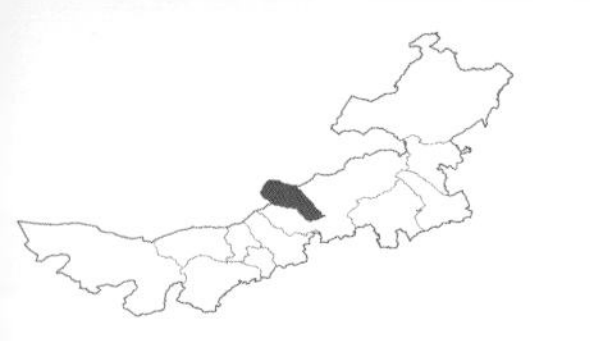

锡林郭勒盟·苏尼特左旗

XL 459（43° 46'60.28"N，112° 04'41.67"E）2019.07.17

XL 460（43° 54'10.84"N，112° 06'31.76"E）2019.07.17

XL 461（44° 02'36.10"N，112° 04'06.02"E）2019.07.17

XL 461（44° 02'36.10"N，112° 04'06.02"E）2019.07.17

XL 462（44° 13'26.25"N，112° 04'57.79"E）2019.07.17

XL 463（44° 20'53.82"N，112° 03'30.09"E）2019.07.17

XL 464（44° 27'04.74"N，111° 59'23.79"E）2019.07.17

XL 465（44° 32'22.04"N，111° 55'41.35"E）2019.07.17

XL 466（44° 40'23.26"N，112° 12'27.27"E）2019.07.17

XL 467（44° 41'22.42"N，111° 59'32.22"E）2019.07.17

（采样点分布图见第 147 页）

XL 468（44° 41'47.89"N，111° 54'15.52"E）2019.07.17

XL 469（42° 53'47.47"N，114° 33'44.50"E）2019.07.18

XL 470（43° 01'31.99"N，114° 29'31.92"E）2019.07.18

XL 471（42° 59'50.50"N，114° 22'48.70"E）2019.07.18

XL 472（42° 56'10.44"N，114° 23'13.44"E）2019.07.18

XL 473（42° 54'15.66"N，114° 16'05.60"E）2019.07.18

XL 474（43° 19'10.71"N，114° 16'16.93"E）2019.07.18

XL 475（43° 16'13.10"N，114° 08'48.83"E）2019.07.18

XL 476（43° 12'56.89"N，114° 01'25.29"E）2019.07.18

XL 477（43° 33'14.81"N，114° 08'37.94"E）2019.07.18

（采样点分布图见第 147 页）

锡林郭勒盟 · 苏尼特左旗

XL 478（43° 38'42.64"N，114° 01'39.73"E）2019.07.18

XL 479（43° 42'48.75"N，113° 52'39.10"E）2019.07.18

XL 480（43° 47'08.94"N，113° 43'14.30"E）2019.07.18

XL 481（43° 43'03.21"N，112° 33'17.83"E）2019.09.15

XL 482（43° 42'01.92"N，112° 41'16.87"E）2019.09.15

XL 502（43° 36'48.36"N，112° 46'56.71"E）2019.09.11

XL 607（42° 54'10.56"N，114° 03'36.64"E）2019.09.10

XL 641（43° 44'50.47"N，112° 09'57.89"E）2019.09.11

XL 642（43° 42'47.41"N，112° 10'07.09"E）2019.09.11

（采样点分布图见第 147 页）

XL 483（42° 41'23.63"N，112° 44'27.97"E）2019.09.09

XL 484（42° 36'31.71"N，112° 47'38.85"E）2019.09.09

XL 485（42° 31'39.58"N，112° 50'48.35"E）2019.09.09

XL 486（42° 26'56.50"N，112° 53'06.29"E）2019.09.09

XL 487（42° 19'51.73"N，112° 57'21.58"E）2019.09.09

XL 488（42° 47'58.55"N，112° 37'10.91"E）2019.09.10

XL 489（42° 56'10.86"N，112° 31'41.97"E）2019.09.10

XL 490（42° 49'07.39"N，112° 36'20.14"E）2019.09.10

（采样点分布图见第 148 页）

锡林郭勒盟 · 苏尼特右旗

XL 491（42° 47'28.08"N，112° 35'43.44"E）2019.09.10

XL 492（42° 48'47.82"N，112° 27'21.14"E）2019.09.10

XL 493（42° 53'26.41"N，112° 18'44.91"E）2019.09.10

XL 494（42° 57'17.16"N，112° 18'10.74"E）2019.09.10

XL 495（42° 57'49.02"N，112° 10'03.89"E）2019.09.10

XL 496（42° 59'38.43"N，111° 59'36.97"E）2019.09.10

XL 497（43° 03'18.04"N，111° 49'59.81"E）2019.09.10

XL 498（43° 01'32.43"N，111° 43'36.37"E）2019.09.10

XL 499（43° 10'18.76"N，111° 45'00.68"E）2019.09.10

XL 500（43° 15'23.62"N，111° 36'30.15"E）2019.09.10

（采样点分布图见第 148 页）

XL 501（43° 21'11.43"N，111° 33'02.05"E）2019.09.10

XL 503（43° 34'08.33"N，112° 47'07.73"E）2019.09.11

XL 504（43° 29'42.68"N，112° 48'02.73"E）2019.09.11

XL 505（43° 23'49.66"N，112° 45'12.37"E）2019.09.11

XL 506（43° 19'45.03"N，112° 46'10.20"E）2019.09.11

XL 507（43° 11'22.88"N，112° 58'05.59"E）2019.09.11

XL 508（43° 08'39.89"N，112° 53'00.91"E）2019.09.11

XL 509（43° 01'14.45"N，112° 47'12.93"E）2019.09.11

XL 510（42° 28'32.91"N，112° 15'33.09"E）2019.09.09

XL 511（42° 33'52.46"N，112° 25'41.89"E）2019.09.09

（采样点分布图见第 148 页）

锡林郭勒盟·苏尼特右旗

XL 512（42° 37'16.45"N，112° 36'32.01"E）2019.09.09

XL 513（42° 45'49.24"N，112° 36'25.13"E）2019.09.09

XL 514（42° 48'30.37"N，112° 28'23.55"E）2019.09.10

XL 515（42° 44'14.94"N，112° 22'02.29"E）2019.09.10

XL 516（42° 40'13.53"N，112° 17'04.91"E）2019.09.10

XL 517（42° 36'12.07"N，112° 13'34.42"E）2019.09.10

XL 518（42° 34'02.35"N，112° 13'21.60"E）2019.09.10

XL 519（42° 43'53.85"N，112° 20'28.51"E）2019.09.10

XL 520（42° 46'40.25"N，112° 20'06.97"E）2019.09.10

XL 521（42° 47'22.20"N，112° 13'17.13"E）2019.09.10

（采样点分布图见第 148 页）

XL 522（42° 48'05.41"N，112° 08'38.75"E）2019.09.10

XL 523（42° 49'28.97"N，112° 01'43.20"E）2019.09.10

XL 524（42° 51'18.37"N，111° 54'15.42"E）2019.09.10

XL 525（42° 53'41.77"N，111° 46'41.89"E）2019.09.10

XL 526（42° 54'15.13"N，111° 42'56.61"E）2019.09.10

XL 527（43° 01'24.16"N，111° 39'25.99"E）2019.09.10

XL 528（43° 01'31.30"N，111° 43'15.18"E）2019.09.10

XL 529（43° 01'32.19"N，111° 58'44.89"E）2019.09.10

XL 530（43° 01'47.39"N，111° 54'39.43"E）2019.09.10

XL 531（43° 08'29.54"N，111° 47'41.43"E）2019.09.10

（采样点分布图见第 148 页）

锡林郭勒盟 · 苏尼特右旗

XL 532（43° 12'20.99"N，111° 37'30.28"E）2019.09.10

XL 533（43° 13'28.33"N，111° 38'31.51"E）2019.09.10

XL 534（43° 21'45.38"N，111° 30'11.99"E）2019.09.10

XL 535（43° 28'55.30"N，111° 30'13.27"E）2019.09.10

XL 536（43° 23'20.85"N，112° 37'30.01"E）2019.09.11

XL 537（43° 17'46.80"N，112° 50'00.30"E）2019.09.11

XL 538（43° 15'54.28"N，112° 44'12.18"E）2019.09.11

XL 539（43° 08'51.22"N，112° 40'53.26"E）2019.09.11

XL 540（43° 04'24.88"N，112° 41'09.23"E）2019.09.11

XL 541（43° 02'59.67"N，112° 38'15.42"E）2019.09.11

（采样点分布图见第 148 页）

XL 542（42° 55'24.63"N，112° 43'35.47"E）2019.09.11

XL 543（42° 52'10.19"N，112° 39'47.39"E）2019.09.11

XL 544（42° 43'52.46"N，112° 41'38.13"E）2019.09.09

XL 545（42° 40'41.45"N，112° 52'10.19"E）2019.09.09

XL 546（42° 39'11.23"N，112° 58'07.00"E）2019.09.09

XL 547（42° 37'01.12"N，113° 06'43.45"E）2019.09.09

XL 548（42° 32'38.25"N，113° 12'10.59"E）2019.09.09

XL 549（42° 28'00.73"N，113° 12'30.42"E）2019.09.09

XL 550（42° 28'53.98"N，113° 00'17.24"E）2019.09.09

XL 551（42° 26'49.13"N，112° 55'17.60"E）2019.09.09

（采样点分布图见第 148 页）

锡林郭勒盟・苏尼特右旗

XL 552（42° 48'25.84"N，112° 40'08.03"E）2019.09.10

XL 553（42° 53'38.90"N，112° 42'56.93"E）2019.09.10

XL 554（43° 00'14.14"N，112° 45'55.35"E）2019.09.10

XL 555（43° 05'29.31"N，112° 39'26.47"E）2019.09.10

XL 556（43° 11'51.85"N，112° 42'12.25"E）2019.09.10

XL 557（43° 18'47.89"N，112° 46'08.75"E）2019.09.10

XL 558（43° 16'21.49"N，112° 59'21.35"E）2019.09.10

XL 559（43° 21'21.88"N，113° 05'25.61"E）2019.09.10

XL 560（43° 26'29.07"N，113° 06'43.58"E）2019.09.10

XL 561（43° 28'53.19"N，113° 02'47.38"E）2019.09.10

（采样点分布图见第 148 页）

XL 562（43° 30'44.59"N，113° 13'23.80"E）2019.09.10

XL 563（43° 27'44.13"N，113° 20'30.27"E）2019.09.10

XL 564（43° 28'24.33"N，113° 29'06.18"E）2019.09.10

XL 565（43° 25'41.44"N，113° 32'19.35"E）2019.09.10

XL 566（43° 17'45.21"N，113° 07'19.47"E）2019.09.10

XL 567（43° 17'09.12"N，113° 16'56.29"E）2019.09.10

XL 568（43° 16'18.40"N，113° 26'26.47"E）2019.09.10

XL 569（43° 16'22.43"N，113° 31'41.95"E）2019.09.10

XL 570（43° 12'27.34"N，113° 39'48.88"E）2019.09.10

XL 571（43° 09'36.37"N，113° 25'09.82"E）2019.09.10

（采样点分布图见第 148 页）

锡林郭勒盟 · 苏尼特右旗

XL 572（43° 04'45.06"N，113° 19'23.43"E）2019.09.10

XL 573（43° 00'07.45"N，113° 17'48.39"E）2019.09.10

XL 574（42° 57'11.01"N，113° 10'08.36"E）2019.09.10

XL 575（42° 44'09.69"N，112° 49'01.36"E）2019.09.11

XL 576（42° 44'21.25"N，112° 58'08.06"E）2019.09.11

XL 577（42° 47'54.96"N，113° 06'40.17"E）2019.09.11

XL 578（42° 23'24.07"N，112° 51'16.77"E）2019.09.11

XL 579（42° 18'17.21"N，112° 45'37.65"E）2019.09.11

XL 580（42° 20'18.51"N，112° 58'12.03"E）2019.09.11

XL 581（42° 16'19.23"N，112° 55'16.39"E）2019.09.11

（采样点分布图见第 148 页）

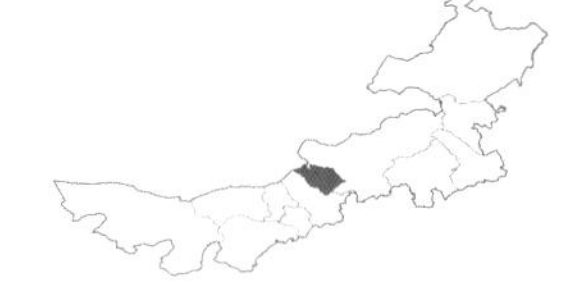

XL 582（42° 12'58.32"N，113° 02'02.41"E）2019.09.11

XL 583（42° 09'51.91"N，113° 03'58.32"E）2019.09.11

XL 584（42° 04'58.30"N，112° 58'12.93"E）2019.09.11

XL 585（42° 03'59.89"N，113° 08'54.57"E）2019.09.11

XL 586（42° 02'20.81"N，113° 14'34.78"E）2019.09.11

XL 587（42° 01'33.85"N，113° 07'56.15"E）2019.09.11

XL 588（41° 57'01.45"N，113° 05'49.96"E）2019.09.11

XL 589（41° 59'32.87"N，113° 02'54.35"E）2019.09.11

XL 595（42° 23'30.83"N，112° 15'22.56"E）2019.09.09

XL 596（42° 35'31.86"N，112° 21'29.41"E）2019.09.09

（采样点分布图见第 148 页）

锡林郭勒盟 · 苏尼特右旗

XL 597（42° 37'58.97"N，112° 18'05.67"E）2019.09.09

XL 598（42° 48'40.68"N，112° 45'08.55"E）2019.09.10

XL 599（42° 51'21.99"N，112° 52'13.61"E）2019.09.10

XL 600（42° 53'38.07"N，112° 58'22.78"E）2019.09.10

XL 601（42° 53'37.22"N，113° 06'44.54"E）2019.09.10

XL 602（42° 52'45.43"N，113° 13'22.19"E）2019.09.10

XL 603（42° 51'22.81"N，113° 24'06.08"E）2019.09.10

XL 604（42° 50'02.79"N，113° 34'25.14"E）2019.09.10

XL 605（42° 47'52.87"N，113° 44'47.04"E）2019.09.10

XL 605（42° 47'52.87"N，113° 44'47.04"E）2019.09.10

（采样点分布图见第 148 页）

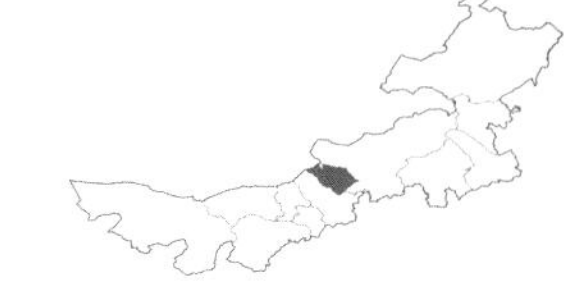

XL 606（42° 51'34.57"N，113° 55'50.39"E）2019.09.10

XL 608（42° 51'32.83"N，113° 59'51.75"E）2019.09.10

XL 609（42° 42'11.09"N，113° 52'52.45"E）2019.09.10

XL 610（42° 36'57.21"N，113° 49'58.60"E）2019.09.10

XL 611（42° 29'34.01"N，113° 45'56.38"E）2019.09.10

XL 612（42° 22'06.67"N，113° 46'34.95"E）2019.09.10

XL 613（42° 16'27.05"N，113° 48'48.13"E）2019.09.10

XL 614（42° 20'22.33"N，113° 30'36.57"E）2019.09.10

XL 615（42° 24'09.13"N，113° 32'36.94"E）2019.09.10

XL 616（42° 23'45.63"N，113° 23'38.98"E）2019.09.10

（采样点分布图见第 148 页）

锡林郭勒盟 · 苏尼特右旗

XL 617（42° 29'08.64"N，113° 22'58.15"E）2019.09.10

XL 618（42° 33'41.56"N，113° 24'55.17"E）2019.09.10

XL 619（42° 31'24.73"N，113° 28'58.93"E）2019.09.10

XL 620（42° 37'44.11"N，113° 31'30.22"E）2019.09.10

XL 621（42° 41'24.13"N，113° 40'35.49"E）2019.09.10

XL 622（43° 23'07.57"N，111° 57'45.19"E）2019.09.11

XL 623（43° 15'37.69"N，112° 02'31.61"E）2019.09.11

XL 624（43° 09'09.03"N，112° 23'57.73"E）2019.09.11

XL 627（43° 24'38.91"N，111° 34'29.09"E）2019.09.10

XL 628（43° 29'42.12"N，111° 42'05.98"E）2019.09.10

（采样点分布图见第 148 页）

XL 629（43° 35'16.43"N，111° 49'58.86"E）2019.09.10

XL 631（43° 37'51.61"N，112° 12'42.38"E）2019.09.11

XL 632（43° 39'47.38"N，112° 23'10.35"E）2019.09.11

XL 633（43° 24'53.67"N，111° 30'37.45"E）2019.09.11

XL 633（43° 24'53.67"N，111° 30'37.45"E）2019.09.11

XL 633（43° 24'53.67"N，111° 30'37.45"E）2019.09.11

XL 634（43° 25'17.60"N，111° 36'05.29"E）2019.09.10

XL 635（43° 28'19.89"N，111° 40'19.88"E）2019.09.10

XL 636（43° 32'32.19"N，111° 45'36.70"E）2019.09.10

XL 637（43° 35'09.28"N，111° 49'44.50"E）2019.09.10

（采样点分布图见第 148 页）

锡林郭勒盟 · 苏尼特右旗

XL 640（43° 45'58.46"N，112° 04'04.03"E）2019.09.11

XL 643（43° 37'55.83"N，112° 09'22.76"E）2019.09.11

XL 644（43° 33'12.33"N，112° 08'24.32"E）2019.09.11

XL 645（43° 31'21.33"N，112° 09'55.99"E）2019.09.11

XL 645（43° 31'21.33"N，112° 09'55.99"E）2019.09.11

XL 646（43° 32'13.98"N，112° 12'30.54"E）2019.09.11

XL 647（43° 35'36.16"N，112° 15'23.68"E）2019.09.11

XL 648（43° 34'15.36"N，112° 18'00.08"E）2019.09.11

（采样点分布图见第 148 页）

XL 630（43° 38'59.28"N，112° 01'58.84"E）2019.09.10

XL 638（43° 37'55.66"N，111° 56'07.35"E）2019.09.10

XL 639（43° 42'26.69"N，112° 00'14.23"E）2019.09.11

XL 640（43° 45'58.46"N，112° 04'04.03"E）2019.09.11

（采样点分布图见第 148 页）

锡林郭勒盟·镶黄旗

XL 612（42° 22'06.67"N，113° 46'34.95"E）2019.09.10

XL 613（42° 16'27.05"N，113° 48'48.13"E）2019.09.10

XL 650（42° 02'09.66"N，113° 51'10.61"E）2019.08.06

XL 651（42° 05'54.99"N，113° 52'25.50"E）2019.08.06

XL 651（42° 05'54.99"N，113° 52'25.50"E）2019.08.06

XL 651（42° 05'54.99"N，113° 52'25.50"E）2019.08.06

XL 652（42° 14'53.79"N，113° 47'23.73"E）2019.08.06

XL 652（42° 14'53.79"N，113° 47'23.73"E）2019.08.06

XL 652（42° 14'53.79"N，113° 47'23.73"E）2019.08.06

XL 652（42° 14'53.79"N，113° 47'23.73"E）2019.08.06

（采样点分布图见第 148 页）

XL 652（42° 14'53.79"N，113° 47'23.73"E）2019.08.06

XL 653（42° 09'53.08"N，113° 33'02.56"E）2019.08.06

XL 653（42° 09'53.08"N，113° 33'02.56"E）2019.08.06

XL 653（42° 09'53.08"N，113° 33'02.56"E）2019.08.06

XL 653（42° 09'53.08"N，113° 33'02.56"E）2019.08.06

XL 653（42° 09'53.08"N，113° 33'02.56"E）2019.08.06

XL 654（42° 20'16.11"N，113° 36'31.68"E）2019.08.06

XL 654（42° 20'16.11"N，113° 36'31.68"E）2019.08.06

XL 655（42° 25'36.31"N，113° 45'48.19"E）2019.08.06

XL 655（42° 25'36.31"N，113° 45'48.19"E）2019.08.06

（采样点分布图见第 148 页）

锡林郭勒盟 · 镶黄旗

XL 655（42° 25'36.31"N，113° 45'48.19"E）2019.08.06

XL 656（42° 21'12.37"N，113° 58'53.44"E）2019.08.06

XL 656（42° 21'12.37"N，113° 58'53.44"E）2019.08.06

XL 657（42° 32'47.62"N，114° 03'53.9"E）2019.08.06

XL 658（42° 21'08.71"N，114° 43'32.79"E）2019.08.06

XL 659（42° 14'49.08"N，114° 01'23.70"E）2019.08.06

XL 660（42° 11'11.07"N，114° 04'25.34"E）2019.08.06

XL 661（42° 09'57.67"N，114° 10'02.24"E）2019.08.06

XL 662（42° 23'02.07"N，114° 14'16.51"E）2019.08.06

XL 663（42° 26'40.23"N，114° 27'56.43"E）2019.08.06

XL 664（42° 23'40.07"N，114° 40'53.44"E）2019.08.06

XL 665（42° 11'59.28"N，114° 24'08.43"E）2019.08.10

（采样点分布图见第 148 页）

XL 666（42° 40'30.00"N，115° 59'44.94"E）2019.08.09

XL 666（42° 40'30.00"N，115° 59'44.94"E）2019.08.09

XL 667（42° 35'53.09"N，116° 11'26.87"E）2019.08.09

XL 667（42° 35'53.09"N，116° 11'26.87"E）2019.08.09

XL 668（42° 36'51.58"N，116° 24'32.58"E）2019.08.09

XL 668（42° 36'51.58"N，116° 24'32.58"E）2019.08.09

XL 668（42° 36'51.58"N，116° 24'32.58"E）2019.08.09

XL 669（42° 28'43.35"N，116° 30'44.14"E）2019.08.09

XL 669（42° 28'43.35"N，116° 30'44.14"E）2019.08.09

XL 669（42° 28'43.35"N，116° 30'44.14"E）2019.08.09

（采样点分布图见第 148 页）

锡林郭勒盟 · 正蓝旗

XL 670（42° 27'24.31"N，116° 25'35.15"E）2019.08.06

XL 670（42° 27'24.31"N，116° 25'35.15"E）2019.08.09

XL 671（42° 27'12.84"N，116° 10'55.57"E）2019.08.09

XL 671（42° 27'12.84"N，116° 10'55.57"E）2019.08.09

XL 671（42° 27'12.84"N，116° 10'55.57"E）2019.08.09

XL 672（42° 17'44.26"N，116° 06'06.30"E）2019.08.09

XL 672（42° 17'44.26"N，116° 06'06.30"E）2019.08.09

XL 672（42° 17'44.26"N，116° 06'06.30"E）2019.08.09

XL 673（42° 25'47.92"N，116° 00'12.16"E）2019.08.09

XL 673（42° 25'47.92"N，116° 00'12.16"E）2019.08.09

（采样点分布图见第 148 页）

XL 674（42° 02'24.28"N，115° 54'15.53"E）2019.08.09

XL 674（42° 02'24.28"N，115° 54'15.53"E）2019.08.09

XL 674（42° 02'24.28"N，115° 54'15.53"E）2019.08.09

XL 675（42° 12'13.92"N，115° 53'35.46"E）2019.08.09

XL 675（42° 12'13.92"N，115° 53'35.46"E）2019.08.09

XL 675（42° 12'13.92"N，115° 53'35.46"E）2019.08.09

XL 676（42° 20'14.12"N，115° 42'08.51"E）2019.08.09

XL 677（42° 55'14.58"N，116° 42'53.22"E）2019.08.09

XL 678（42° 53'38.80"N，116° 34'44.18"E）2019.08.09

XL 679（42° 51'21.30"N，116° 21'31.92"E）2019.08.09

（采样点分布图见第 148 页）

锡林郭勒盟·正蓝旗

XL 680（42° 59'11.00"N，116° 20'51.95"E）2019.08.09

XL 681（43° 00'56.70"N，116° 11'05.89"E）2019.08.09

XL 682（43° 03'10.66"N，116° 01'27.64"E）2019.08.09

XL 683（42° 57'31.72"N，115° 56'54.20"E）2019.08.09

XL 684（42° 50'57.20"N，115° 52'11.48"E）2019.08.09

XL 685（42° 54'07.97"N，115° 36'07.97"E）2019.08.09

XL 686（42° 56'50.95"N，115° 25'28.33"E）2019.08.09

XL 687（42° 52'30.67"N，115° 20'30.23"E）2019.08.09

XL 688（42° 45'51.61"N，115° 54'04.28"E）2019.08.09

XL 689（42° 34'27.95"N，115° 40'21.54"E）2019.08.09

XL 690（42° 29'40.43"N，115° 33'04.80"E）2019.08.09

（采样点分布图见第 148 页）

锡林郭勒盟 · 正镶白旗

XL 691（42° 24'01.32"N，115° 20'07.90"E）2019.08.09

XL 692（42° 19'58.09"N，115° 09'31.27"E）2019.08.09

XL 693（42° 37'34.14"N，114° 56'31.69"E）2019.08.09

XL 694（42° 37'06.02"N，115° 06'41.19"E）2019.08.10

XL 694（42° 37'06.02"N，115° 06'41.19"E）2019.08.10

XL 695（42° 54'46.00"N，115° 08'08.50"E）2019.08.10

XL 695（42° 54'46.00"N，115° 08'08.50"E）2019.08.10

XL 696（42° 50'11.33"N，115° 07'29.77"E）2019.08.10

XL 697（42° 42'20.86"N，115° 12'48.46"E）2019.08.10

XL 697（42° 42'20.86"N，115° 12'48.46"E）2019.08.10

（采样点分布图见第 148 页）

锡林郭勒盟・正镶白旗

XL 697（42° 42'20.86"N，115° 12'48.46"E）2019.08.10

XL 698（42° 33'48.06"N，115° 15'25.67"E）2019.08.10

XL 698（42° 33'48.06"N，115° 15'25.67"E）2019.08.10

XL 699（42° 30'40.32"N，115° 02'34.08"E）2019.08.10

XL 699（42° 30'40.32"N，115° 02'34.08"E）2019.08.10

XL 699（42° 30'40.32"N，115° 02'34.08"E）2019.08.10

XL 700（42° 29'34.84"N，115° 10'29.06"E）2019.08.10

XL 700（42° 29'34.84"N，115° 10'29.06"E）2019.08.10

XL 701（42° 10'37.83"N，115° 16'00.43"E）2019.08.10

XL 701（42° 10'37.83"N，115° 16'00.43"E）2019.08.10

（采样点分布图见第 148 页）

XL 701（42° 10'37.83"N，115° 16'00.43"E）2019.08.10

XL 702（42° 17'32.31"N，115° 20'12.00"E）2019.08.10

XL 702（42° 17'32.31"N，115° 20'12.00"E）2019.08.10

XL 702（42° 17'32.31"N，115° 20'12.00"E）2019.08.10

XL 702（42° 17'32.31"N，115° 20'12.00"E）2019.08.10

XL 702（42° 17'32.31"N，115° 20'12.00"E）2019.08.10

XL 702（42° 17'32.31"N，115° 20'12.00"E）2019.08.10

XL 703（42° 08'32.73"N，115° 06'48.30"E）2019.08.10

XL 704（42° 12'22.65"N，115° 01'25.79"E）2019.08.10

XL 705（42° 14'14.79"N，115° 02'52.64"E）2019.08.10

（采样点分布图见第 148 页）

锡林郭勒盟·正镶白旗

XL 706（42° 22'38.77"N，115° 00'36.76"E）2019.08.10

XL 706（42° 22'38.77"N，115° 00'36.76"E）2019.08.10

XL 706（42° 22'38.77"N，115° 00'36.76"E）2019.08.10

XL 707（42° 24'13.79"N，114° 52'09.94"E）2019.08.10

XL 708（42° 33'50.67"N，114° 48'53.25"E）2019.08.10

XL 709（42° 41'07.32"N，114° 45'32.39"E）2019.08.10

XL 709（42° 41'07.32"N，114° 45'32.39"E）2019.08.10

XL 710（42° 46'29.93"N，114° 37'39.94"E）2019.08.10

XL 711（42° 39'38.80"N，114° 50'19.79"E）2019.08.10

XL 711（42° 39'38.80"N，114° 50'19.79"E）2019.08.10

（采样点分布图见第 148 页）

乌兰察布市草原图鉴

● 草原科考队成员

内蒙古大学生命科学学院2018级硕士研究生于杰；2019级硕士研究生张睿；2018级本科生张文奇、孙浩、张旭。加利福尼亚大学戴维斯分校（University of California，Davis）本科生李靖琳（Jinglin Li）。

● 草原科考队土壤采集地区

四子王旗。

● 队员感言

说起来有些惭愧，作为一个内蒙古人在这次草原科考之前并没有真正意义上的去感受内蒙古草原的美。通过这次科考，不仅让我近距离地感受了草原，也让我对内蒙古草原有了新的认识：草原就像是一个接种了大量细菌的培养基，表面看起来营养含量正常，可当你向下追溯却不尽如人意。在这样的土地上长出来的草、喂养的牛羊、生长的人，势必会受到或多或少的影响。这样的草原我不知道还可以哺育草原儿女多少年，因此，我们要为草原做健康体检，造福草原也造福自己。

——张　旭

作为一名参与者亲身参与了本次暑期科学考察，收获颇丰。从东到西，我们走过了内蒙古的很多地方，为祖国的广阔疆域而自豪。同时我也清晰直观地看到了草场上的变化，更加了解了草场上牧民的真实生活。跟着同行的研究生学长学姐学到了很多关于植物的知识、在野外工作的技巧等等。科考的目的在于进一步了解内蒙古草原的现状，我们看到了草场的污染与退化，但同时也看到了各地政府为了保护草原而积极采取的措施，我相信内蒙古草原会越来越好。前路漫漫，我们将共同求索。

——孙　浩

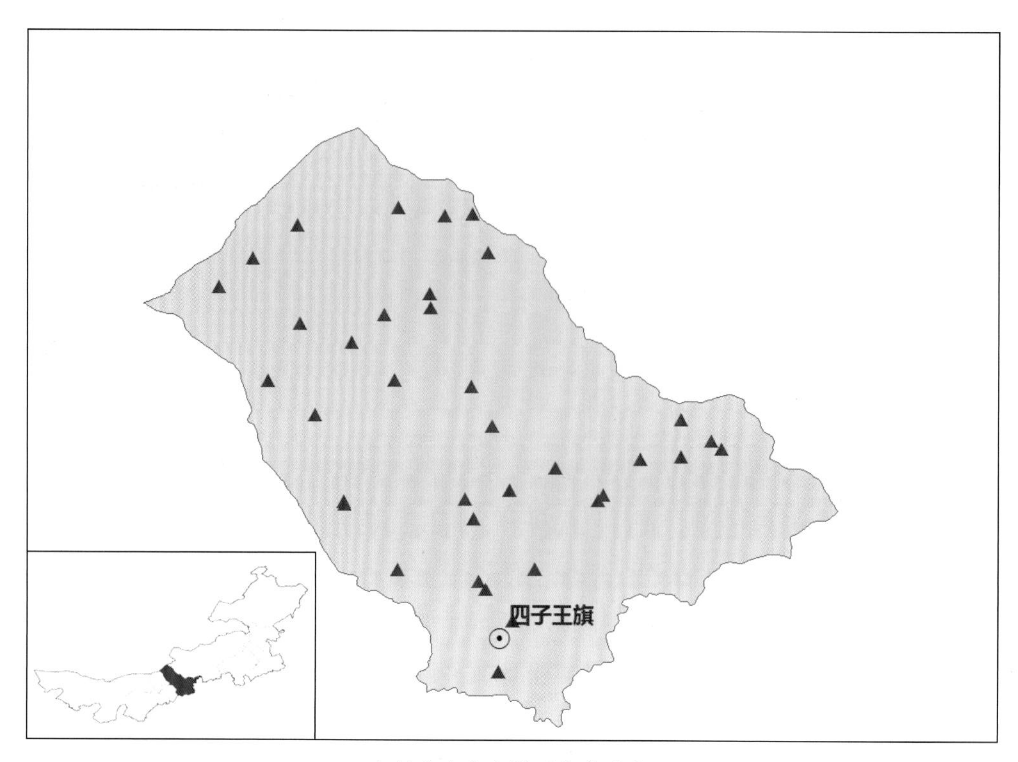

乌兰察布市土样采集点分布

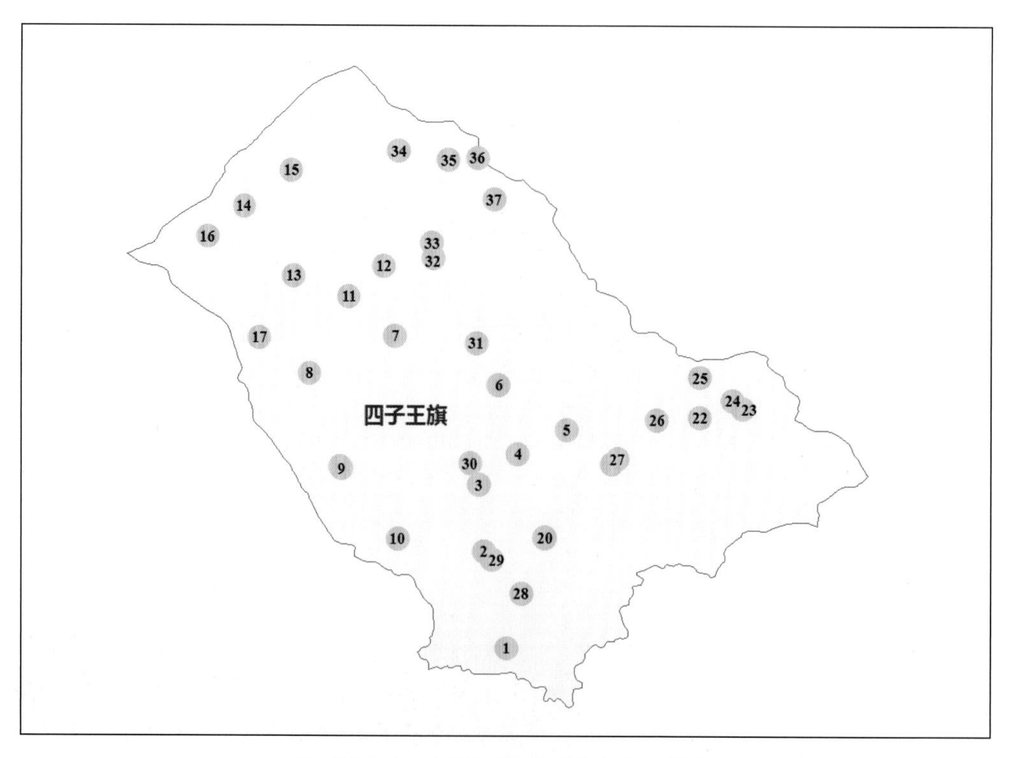

乌兰察布市·四子王旗采样点分布和编号

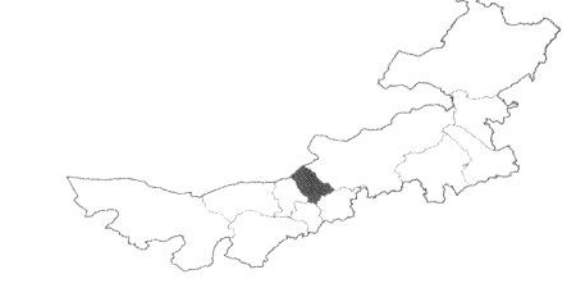

乌兰察布市·四子王旗

WL 001（41° 23'39.43"N，111° 41'24.96"E）2019.08.01

WL 001（41° 23'39.43"N，111° 41'24.96"E）2019.08.01

WL 001（41° 23'39.43"N，111° 41'24.96"E）2019.08.01

WL 001（41° 23'39.43"N，111° 41'24.96"E）2019.08.01

WL 002（41° 43'28.05"N，111° 36'44.07"E）2019.08.01

WL 003（41° 57'04.66"N，111° 35'34.79"E）2019.08.01

WL 003（41° 57'04.66"N，111° 35'34.79"E）2019.08.01

WL 003（41° 57'04.66"N，111° 35'34.79"E）2019.08.01

（采样点分布图见第 228 页）

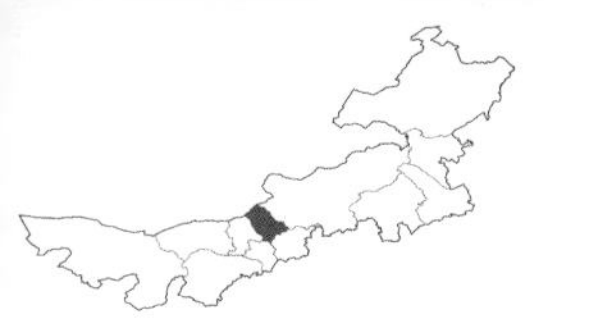

乌兰察布市·四子王旗

WL 004（42° 03'24.97"N，111° 43'43.84"E）2019.08.01

WL 004（42° 03'24.97"N，111° 43'43.84"E）2019.08.01

WL 004（42° 03'24.97"N，111° 43'43.84"E）2019.08.01

WL 005（42° 08'20.01"N，111° 53'55.59"E）2019.08.01

WL 005（42° 08'20.01"N，111° 53'55.59"E）2019.08.01

WL 005（42° 08'20.01"N，111° 53'55.59"E）2019.08.01

WL 006（42° 17'32.14"N，111° 39'44.02"E）2019.08.01

WL 006（42° 17'32.14"N，111° 39'44.02"E）2019.08.01

（采样点分布图见第 228 页）

乌兰察布市 · 四子王旗

WL 007（42° 27'31.81"N，111° 17'52.92"E）2019.08.01

WL 007（42° 27'31.81"N，111° 17'52.92"E）2019.08.01

WL 008（42° 19'54.81"N，110° 59'28.05"E）2019.08.01

WL 009（42° 00'22.21"N，111° 06'27.96"E）2019.08.01

WL 009（42° 00'22.21"N，111° 06'27.96"E）2019.08.01

WL 010（41° 46'01.00"N，111° 18'30.95"E）2019.08.02

WL 010（41° 46'01.00"N，111° 18'30.95"E）2019.08.02

WL 011（42° 35'41.08"N，111° 08'01.64"E）2019.08.02

（采样点分布图见第 228 页）

乌兰察布市 · 四子王旗

WL 011（42° 35'41.08"N，111° 08'01.64"E）2019.08.02

WL 011（42° 35'41.08"N，111° 08'01.64"E）2019.08.02

WL 011（42° 35'41.08"N，111° 08'01.64"E）2019.08.02

WL 012（42° 41'52.71"N，111° 15'26.70"E）2019.08.02

WL 013（42° 39'51.05"N，110° 56'04.77"E）2019.08.02

WL 013（42° 39'51.05"N，110° 56'04.77"E）2019.08.02

WL 014（42° 54'11.14"N，110° 45'20.28"E）2019.08.02

WL 015（43° 01'28.11"N，110° 55'28.89"E）2019.08.02

WL 016（42° 47'51.45"N，110° 37'26.49"E）2019.08.02

WL 017（42° 27'15.07"N，110° 48'41.63"E）2019.08.02

（采样点分布图见第 228 页）

WL 018（42° 00'48.30"N，111° 06'11.98"E）2019.08.02

WL 018（42° 00'48.30"N，111° 06'11.98"E）2019.08.02

WL 019（41° 46'12.42"N，111° 49'22.52"E）2019.08.01

WL 020（41° 46'14.13"N，111° 49'22.86"E）2019.08.01

WL 021（42° 01'18.73"N，112° 03'31.89"E）2019.08.01

WL 022（42° 10'53.31"N，112° 22'13.05"E）2019.08.01

WL 023（42° 12'39.10"N，112° 31'24.48"E）2019.08.01

（采样点分布图见第 228 页）

乌兰察布市·四子王旗

WL 024（42° 14'25.33"N，112° 29'13.14"E）2019.08.01

WL 025（42° 19'04.32"N，112° 22'12.58"E）2019.08.01

WL 026（42° 10'18.92"N，112° 13'01.67"E）2019.08.01

WL 027（42° 02'22.58"N，112° 04'41.23"E）2019.08.01

WL 028（41° 34'45.83"N，111° 44'32.47"E）2019.08.01

WL 029（41° 41'39.67"N，111° 38'19.91"E）2019.08.02

WL 030（42° 01'26.97"N，111° 33'41.77"E）2019.08.02

（采样点分布图见第 228 页）

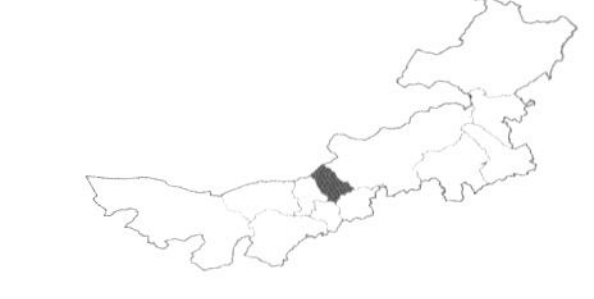

WL 031（42° 26' 09.03" N，111° 34' 59.29" E）2019.08.02

WL 032（42° 43' 26.98" N，111° 25' 51.72" E）2019.08.02

WL 033（42° 46' 32.40" N，111° 25' 33.55" E）2019.08.02

WL 034（43° 05' 25.85" N，111° 18' 39.58" E）2019.08.02

WL 035（43° 03' 37.11" N，111° 29' 00.00" E）2019.08.02

WL 036（43° 03' 59.40" N，111° 35' 11.33" E）2019.08.02

WL 037（42° 55' 31.72" N，111° 38' 41.71" E）2019.08.02

（采样点分布图见第 228 页）

包头市草原图鉴

● 草原科考队成员

内蒙古大学生命科学学院2018级硕士研究生于杰；2019级硕士研究生张睿；2018级本科生张文奇、孙浩、张旭。加利福尼亚大学戴维斯分校（University of California，Davis）本科生李靖琳（Jinglin Li）。

● 草原科考队土壤采集地区

达尔罕茂明安联合旗（白云鄂博矿区）。

● 队员感言

飞机、火车、汽车，大一下学期的暑假，我和师兄师姐以及同系的同学们与大草原来了一次长途跋涉而又美不可言的“邂逅”。作为一个生在内蒙古的孩子，第一次听到了母亲的呼唤。爬上开满各色野花的绿草山坡，视线不停歇地缓慢移到蓝绿交衬的地平线，那里有不知道是云儿还是羊儿的点点白。闭眼，躺下，品品柔软的草香、找找四面的虫声、听听风中的马鸣，在这儿做个小小的美梦……这片草原承载着上千年的历史，孕育着亿万生灵，让我心生敬畏。20天的科考，样本采集分析，我所做的微不足道，但我们的草原母亲真的需要我们大家这样去守护。我会更加努力学习好科学知识，希望未来能更好地守护我们的家园。

——张文奇

The ten days collecting soil samples had been one of the most meaningful experience in my growth period. This was a far cry from my previous lab experience, because the field sampling conditions are horrible-I had to collect soil samples on rainy or windy days with worms, mice, and frogs all around me! However, it only took me a few days to grow used to seeing them: after all, they are still part of nature, and some are even quite cute. Besides, this was my first time to apply all I learned from chemistry, statistics and biology courses for investigating and solving a real-world scientific puzzle. After analyzing elemental deficiency in the soil, I continued to study how this deficiency was related to climate change. I am glad that my teammates and I contributed power and took actions to protect the home we live in. I cherished each day of work because it allowed my passion for working on environmental studies to mature.

——李婧琳 Jinglin Li（University of California，Davis）

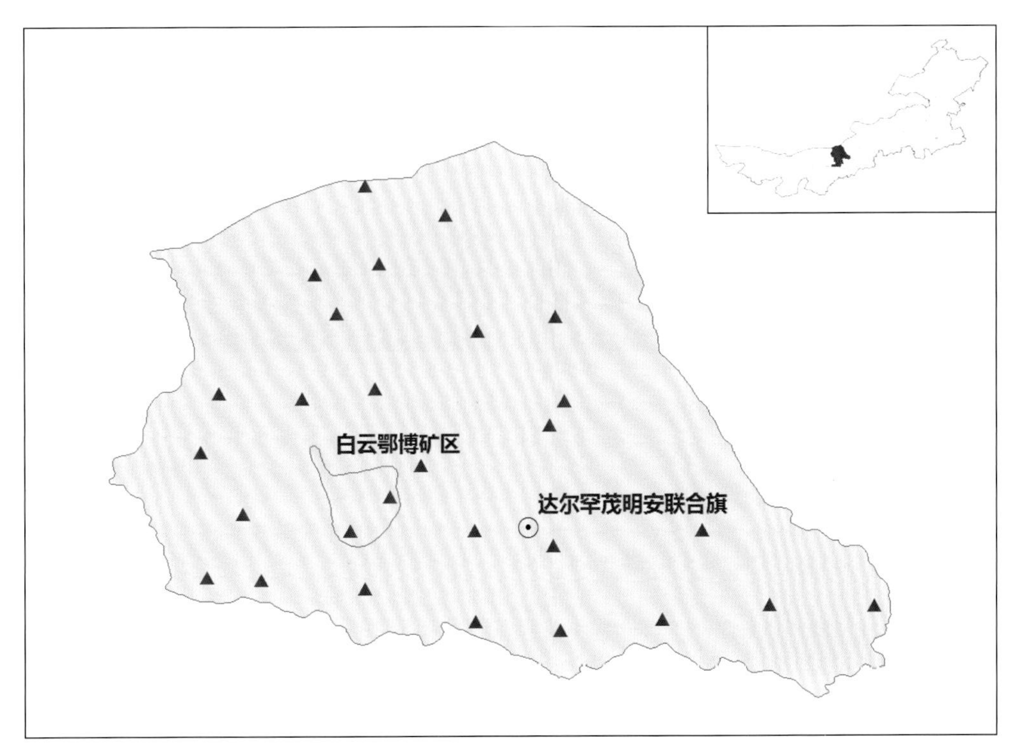

包头市土样采集点分布

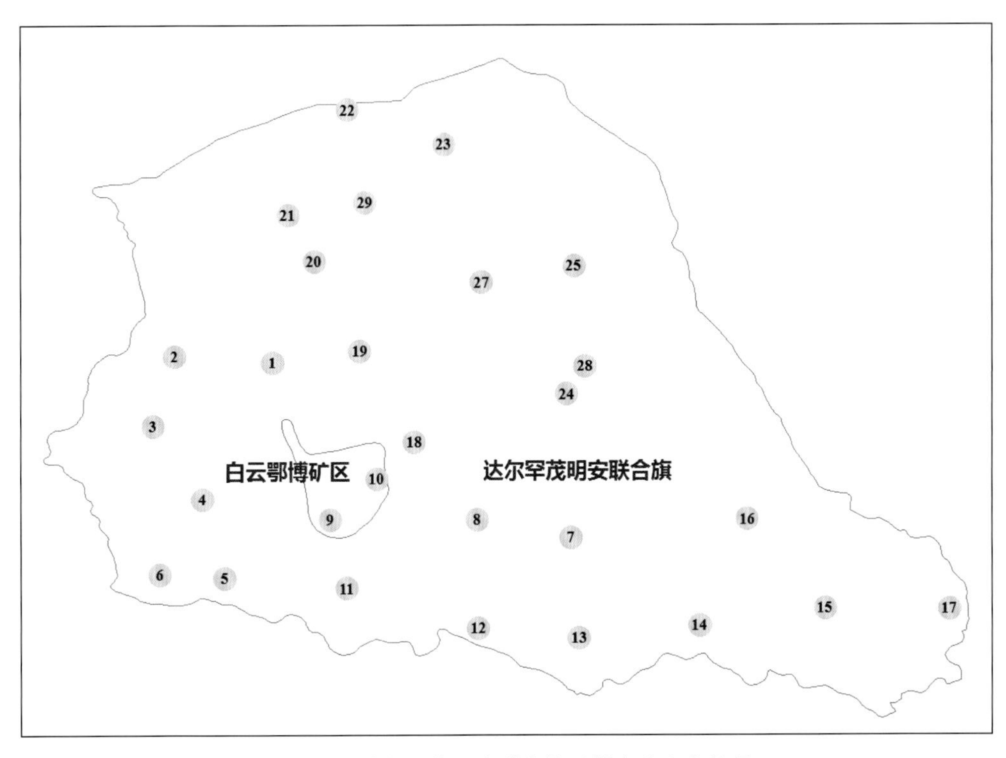

包头市・达尔罕茂明安联合旗采样点分布和编号

包头市 · 达尔罕茂明安联合旗

BT 001（42° 02'41.46"N，109° 47'58.96"E）2019.08.03

BT 002（42° 03'30.56"N，109° 34'15.87"E）2019.08.03

BT 001（42° 02'41.46"N，109° 47'58.96"E）2019.08.03

BT 002（42° 03'30.56"N，109° 34'15.87"E）2019.08.03

BT 002（42° 03'30.56"N，109° 34'15.87"E）2019.08.03

BT 002（42° 03'30.56"N，109° 34'15.87"E）2019.08.03

BT 002（42° 03'30.56"N，109° 34'15.87"E）2019.08.03

BT 003（41° 53'58.35"N，109° 31'16.15"E）2019.08.03

（采样点分布图见第 237 页）

包头市·达尔罕茂明安联合旗

BT 003（41° 53'58.35"N，109° 31'16.15"E）2019.08.03

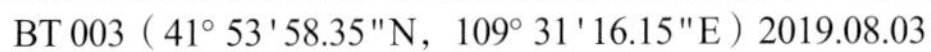

BT 003（41° 53'58.35"N，109° 31'16.15"E）2019.08.03

BT 003（41° 53'58.35"N，109° 31'16.15"E）2019.08.03

BT 004（41° 43'58.20"N，109° 38'09.05"E）2019.08.03

BT 004（41° 43'58.20"N，109° 38'09.05"E）2019.08.03

BT 005（41° 33'13.78"N，109° 41'15.98"E）2019.08.03

BT 005（41° 33'13.78"N，109° 41'15.98"E）2019.08.03

BT 006（41° 33'44.11"N，109° 32'13.51"E）2019.08.03

（采样点分布图见第 237 页）

包头市·达尔罕茂明安联合旗

BT 006（41° 33'44.11"N，109° 32'13.51"E）2019.08.03

BT 007（41° 38'45.84"N，110° 29'54.48"E）2019.08.04

BT 008（41° 41'11.73"N，110° 16'45.62"E）2019.08.04

BT 009（41° 41'11.19"N，109° 55'57.52"E）2019.08.04

BT 010（41° 46'47.25"N，110° 02'32.55"E）2019.08.04

BT 010（41° 46'47.25"N，110° 02'32.55"E）2019.08.04

BT 011（41° 31'52.32"N，109° 58'20.91"E）2019.08.04

BT 012（41° 26'26.91"N，110° 16'52.65"E）2019.08.04

BT 012（41° 26'26.91"N，110° 16'52.65"E）2019.08.04

BT 013（41° 25'05.55"N，110° 31'04.66"E）2019.08.04

（采样点分布图见第 237 页）

包头市·达尔罕茂明安联合旗

BT 013（41° 25'05.55"N，110° 31'04.66"E）2019.08.04

BT 014（41° 26'48.40"N，110° 47'49.39"E）2019.08.04

BT 014（41° 26'48.40"N，110° 47'49.39"E）2019.08.04

BT 017（41° 28'59.42"N，111° 23'25.08"E）2019.08.04

BT 015（41° 29'06.87"N，111° 05'36.74"E）2019.08.04

BT 016（41° 41'14.89"N，110° 54'28.20"E）2019.08.04

BT 017（41° 28'59.42"N，111° 23'25.08"E）2019.08.04

（采样点分布图见第 237 页）

包头市·达尔罕茂明安联合旗

BT 018（41° 51'48.51"N，110° 07'50.94"E）2019.08.03

BT 019（42° 04'12.08"N，110° 00'11.60"E）2019.08.03

BT 020（42° 16'26.78"N，109° 53'46.23"E）2019.08.03

BT 021（42° 22'45.13"N，109° 50'08.48"E）2019.08.03

BT 022（42° 37'07.21"N，109° 58'29.93"E）2019.08.03

BT 023（42° 32'23.02"N，110° 12'03.58"E）2019.08.03

（采样点分布图见第 237 页）

包头市 · 达尔罕茂明安联合旗

BT 025（42° 15'48.63"N，110° 30'21.47"E）2019.08.04

BT 024（41° 58'18.40"N，110° 29'18.78"E）2019.08.04

BT 026（42° 13'33.18"N，110° 17'25.00"E）2019.08.04

BT 027（42° 13'33.18"N，110° 17'25.00"E）2019.08.04

BT 028（42° 02'10.44"N，110° 31'51.69"E）2019.08.04

BT 029（42° 24'28.16"N，110° 35'55.55"E）2019.08.04

（采样点分布图见第 237 页）

巴彦淖尔市草原图鉴

● 草原科考队成员

内蒙古大学生命科学学院2018级博士研究生南洋，2019级硕士研究生张海东、苏倩、张睿、张景洋。内蒙古农业大学园艺与植物保护学院博士后轩辕国超。

● 草原科考队土样采集地区

乌拉特前旗，乌拉特中旗，乌拉特后旗。

途经磴口县。

● 队员感言

2019年8月1日，对于我来说是一个特殊的日子。那是我刚考上研究生兴奋激动之余，还没有正式踏进校园步入正轨的时间；那是让我未入校园却提前感受到科研精神之伟大的科学之旅的时间；那也是我第一次真正意义上踏上草原、感受草原、为保护草原而做一些有意义的事情的时间。这是一次有意义的并让人终身难忘的科考之旅，与师兄师姐们的和谐相处；与队友之间的团结互助、默契配合；忽然遇到来车、小动物、漂亮花朵以及一切未知事物的喜悦感；在神秘广阔的大草原中迷路，并在没有任何信号和车用油储备量不足之时，我们却并没有恐慌，反而沉着冷静地与司机师傅一起去解决困难。过程总是美好的，往往每天对于科考的兴奋感大于并抵消了身体上的劳累感，这次的科考让我受益匪浅。

——张　睿

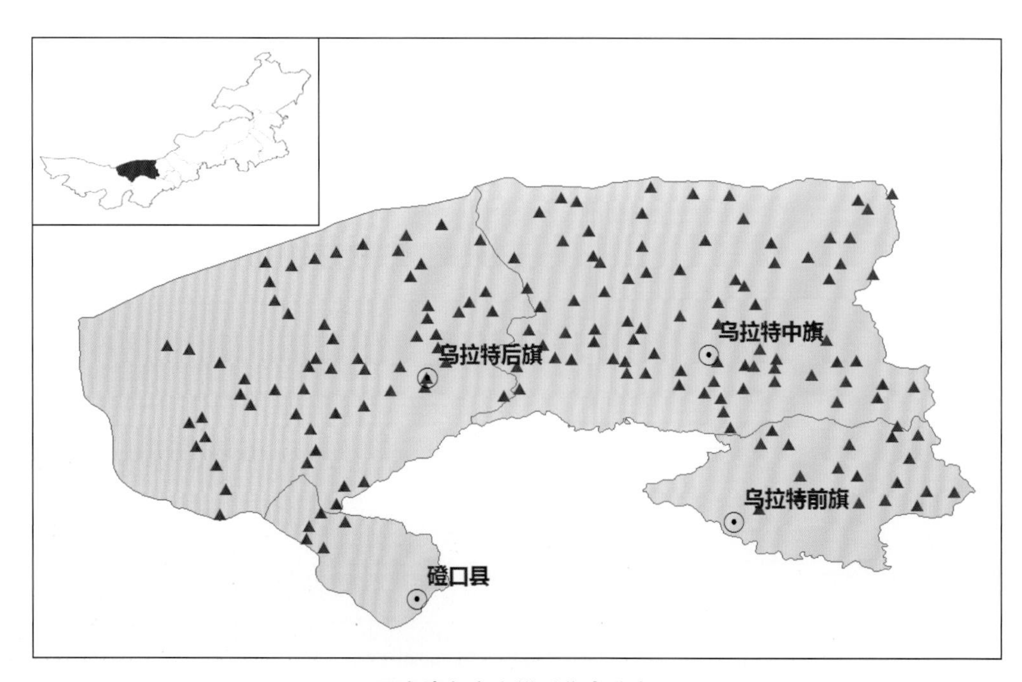

巴彦淖尔市土样采集点分布

巴彦淖尔市·乌拉特前旗、乌拉特中旗采样点分布和编号

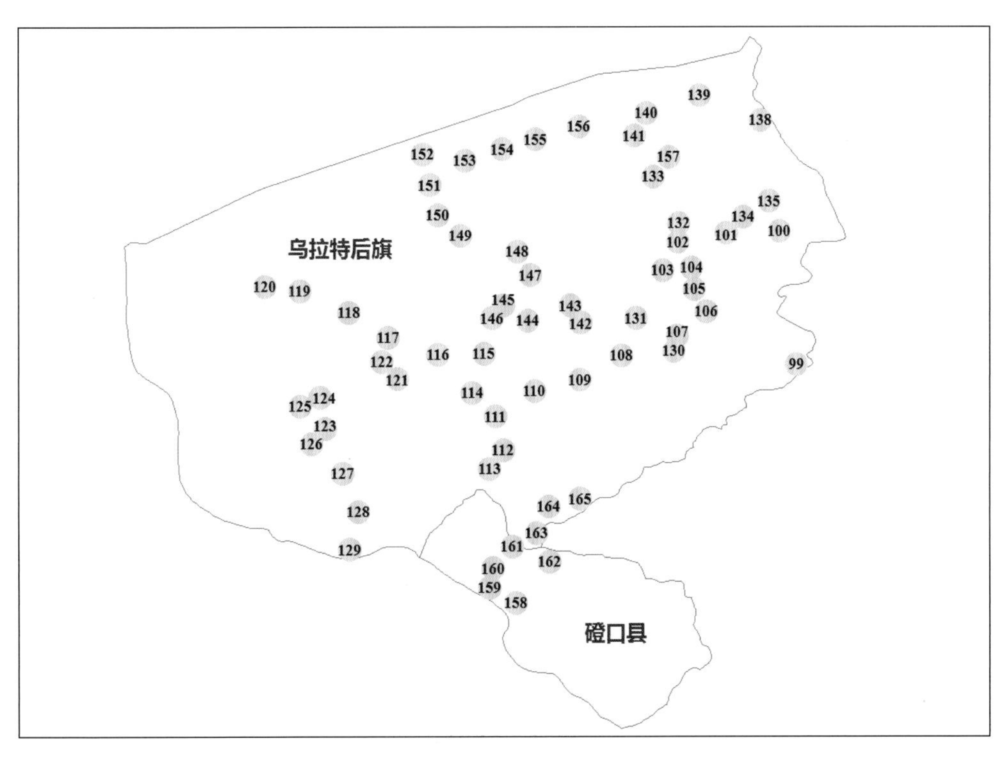

巴彦淖尔市·乌拉特后旗采样点分布和编号

巴彦淖尔市·乌拉特前旗

BY 001（40° 47'06.31"N，108° 47'05.68"E）2019.09.15

BY 002（40° 50'55.38"N，108° 59'29.18"E）2019.09.15

BY 004（40° 59'39.76"N，109° 11'18.00"E）2019.09.15

BY 005（40° 57'02.84"N，109° 17'15.87"E）2019.09.15

BY 006（41° 06'39.71"N，108° 56'12.13"E）2019.09.15

BY 007（41° 10'50.58"N，108° 50'58.44"E）2019.09.15

BY 008（41° 06'55.53"N，108° 47'34.34"E）2019.09.15

BY 022（40° 52'09.55"N，109° 47'42.54"E）2019.09.15

（采样点分布图见第245页）

巴彦淖尔市·乌拉特前旗

BY 023（40° 52'27.93"N，109° 39'08.94"E）2019.09.15

BY 024（40° 48'09.77"N，109° 36'10.99"E）2019.09.15

BY 025（40° 49'43.89"N，109° 26'05.39"E）2019.09.15

BY 026（40° 48'58.98"N，109° 17'47.86"E）2019.09.15

BY 027（40° 55'19.91"N，109° 29'49.66"E）2019.09.15

BY 028（41° 02'32.95"N，109° 33'30.76"E）2019.09.15

BY 029（41° 09'29.31"N，109° 36'25.18"E）2019.09.15

BY 030（41° 08'53.28"N，109° 28'18.12"E）2019.09.15

BY 031（41° 06'32.36"N，109° 14'50.91"E）2019.09.15

BY 032（41° 12'10.19"N，109° 29'54.31"E）2019.09.15

（采样点分布图见第 245 页）

巴彦淖尔市·乌拉特中旗

BY 009（41° 11'36.28"N，108° 38'12.67"E）2019.09.15

BY 010（41° 16'38.48"N，108° 35'53.94"E）2019.09.15

BY 011（41° 22'09.55"N，108° 29'57.85"E）2019.09.15

BY 012（41° 28'57.73"N，108° 22'39.92"E）2019.09.15

BY 013（41° 34'15.69"N，108° 14'21.95"E）2019.09.16

BY 014（41° 41'39.85"N，108° 10'16.24"E）2019.09.16

BY 015（41° 43'55.35"N，108° 5'43.87"E）2019.09.16

BY 016（41° 41'38.90"N，107° 55'35.17"E）2019.09.16

（采样点分布图见第 245 页）

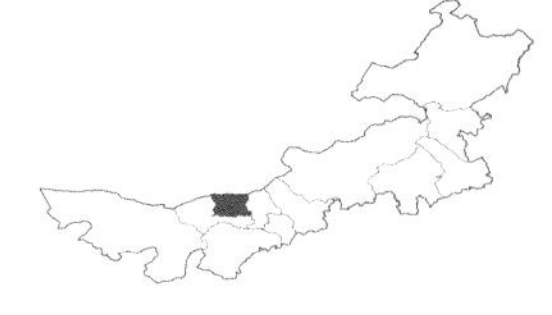

巴彦淖尔市 · 乌拉特中旗

BY 017（41° 40'25.13"N，107° 46'16.23"E）2019.09.16

BY 018（41° 36'40.54"N，107° 39'26.80"E）2019.09.16

BY 019（41° 48'19.96"N，107° 38'34.57"E）2019.09.16

BY 020（41° 50'10.67"N，107° 49'11.34"E）2019.09.16

BY 021（41° 52'45.52"N，107° 58'35.53"E）2019.09.16

BY 033（41° 21'00.56"N，109° 23'42.57"E）2019.09.15

BY 034（42° 01'51.84"N，107° 57'07.27"E）2019.09.16

BY 035（42° 08'18.81"N，107° 45'25.48"E）2019.09.16

（采样点分布图见第 245 页）

巴彦淖尔市 · 乌拉特中旗

BY 036（42° 17'06.19"N，107° 38'08.67"E）2019.09.16

BY 037（42° 21'25.44"N，107° 44'53.43"E）2019.09.16

BY 038（42° 20'11.23"N，107° 49'53.51"E）2019.09.16

BY 039（42° 11'19.51"N，107° 53'46.00"E）2019.09.16

BY 040（42° 03'42.53"N，107° 54'59.10"E）2019.09.16

BY 041（41° 57'04.54"N，108° 06'10.93"E）2019.09.16

BY 042（41° 58'54.59"N，108° 11'46.86"E）2019.09.16

BY 043（42° 06'42.15"N，108° 10'21.58"E）2019.09.16

BY 044（42° 16'49.68"N，108° 10'23.43"E）2019.09.16

BY 045（42° 24'32.33"N，108° 13'02.27"E）2019.09.16

（采样点分布图见第 245 页）

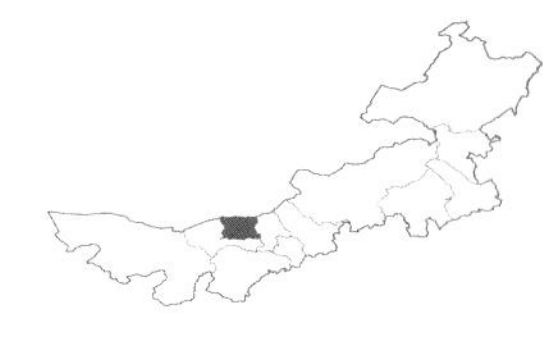

BY 046（42° 22'47.04"N，108° 26'25.91"E）2019.09.16

BY 047（42° 22'10.78"N，108° 37'54.31"E）2019.09.16

BY 048（42° 15'01.87"N，108° 42'14.34"E）2019.09.16

BY 049（42° 08'29.27"N，108° 30'19.09"E）2019.09.16

BY 050（41° 59'39.50"N，108° 22'23.07"E）2019.09.16

BY 051（41° 45'36.19"N，108° 22'19.61"E）2019.09.16

BY 052（41° 31'52.18"N，108° 05'04.69"E）2019.09.17

BY 053（41° 32'29.62"N，108° 01'08.77"E）2019.09.17

BY 054（41° 38'39.86"N，108° 07'41.34"E）2019.09.17

BY 055（41° 37'41.26"N，107° 55'19.92"E）2019.09.17

（采样点分布图见第 245 页）

巴彦淖尔市 · 乌拉特中旗

BY 056（41° 32 '20.55 "N，107° 48 '11.27 "E）2019.09.17

BY 057（41° 32 '47.05 "N，107° 43 '00.42 "E）2019.09.17

BY 058（41° 30 '14.08 "N，107° 31 '10.53 "E）2019.09.17

BY 059（41° 23 '16.21 "N，107° 32 '04.71 "E）2019.09.17

BY 060（41° 41 '19.94 "N，107° 35 '02.43 "E）2019.09.17

BY 061（41° 24 '06.11 "N，109° 34 '56.62 "E）2019.09.15

BY 062（41° 25 '06.74 "N，109° 25 '05.07 "E）2019.09.15

BY 063（41° 25 '50.86 "N，109° 13 '53.19 "E）2019.09.15

BY 064（41° 27 '41.69 "N，109° 03 '09.73 "E）2019.09.15

BY 065（41° 29 '57.93 "N，108° 51 '51.63 "E）2019.09.15

（采样点分布图见第 245 页）

BY 066（41° 30'45.18"N，108° 42'39.26"E）2019.09.15

BY 067（41° 31'50.86"N，108° 33'55.33"E）2019.09.15

BY 068（41° 25'45.10"N，108° 33'00.63"E）2019.09.16

BY 069（41° 20'36.77"N，108° 35'04.95"E）2019.09.16

BY 070（41° 23'40.23"N，108° 42'12.53"E）2019.09.16

BY 071（41° 30'27.70"N，108° 45'24.22"E）2019.09.16

BY 072（41° 35'37.13"N，108° 47'22.78"E）2019.09.16

BY 073（41° 25'51.79"N，108° 51'57.09"E）2019.09.16

BY 074（41° 31'52.33"N，109° 11'01.86"E）2019.09.16

BY 075（41° 38'12.43"N，109° 7'54.91"E）2019.09.16

（采样点分布图见第 245 页）

巴彦淖尔市 · 乌拉特中旗

BY 076（41° 42'28.98"N，109° 03'50.48"E）2019.09.16

BY 077（41° 31'54.82"N，109° 17'08.79"E）2019.09.16

BY 078（41° 19'41.62"N，109° 11'12.78"E）2019.09.16

BY 079（41° 32'28.21"N，108° 52'26.90"E）2019.09.16

BY 080（41° 28'17.91"N，108° 11'29.23"E）2019.09.16

BY 081（41° 28'07.82"N，108° 05'40.13"E）2019.09.16

BY 082（41° 24'40.36"N，108° 22'02.20"E）2019.09.16

BY 083（41° 43'12.27"N，108° 34'16.80"E）2019.09.17

BY 084（41° 49'31.50"N，108° 34'18.06"E）2019.09.17

BY 085（41° 49'08.31"N，108° 46'01.08"E）2019.09.17

（采样点分布图见第 245 页）

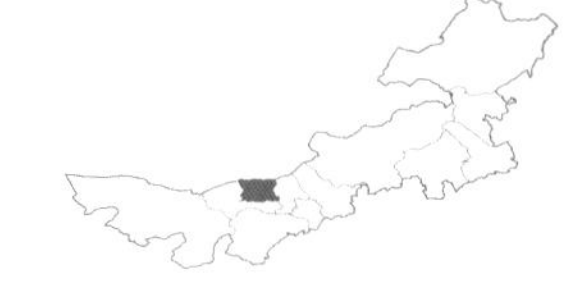

BY 086（41° 54'48.98"N，108° 42'23.50"E）2019.09.17

BY 087（42° 01'55.91"N，108° 51'53.83"E）2019.09.17

BY 088（42° 03'26.14"N，109° 02'05.22"E）2019.09.17

BY 089（41° 56'49.93"N，109° 08'38.09"E）2019.09.17

BY 090（42° 01'28.12"N，109° 12'08.76"E）2019.09.17

BY 091（41° 58'18.48"N，109° 22'12.97"E）2019.09.17

BY 092（42° 09'18.79"N，109° 15'07.20"E）2019.09.17

BY 093（42° 18'05.12"N，109° 20'40.99"E）2019.09.17

（采样点分布图见第 245 页）

巴彦淖尔市·乌拉特中旗

BY 094（42° 22'40.95"N，109° 28'08.53"E）2019.09.17

BY 095（42° 20'46.09"N，109° 17'42.25"E）2019.09.17

BY 096（42° 09'31.94"N，109° 08'56.51"E）2019.09.17

BY 097（42° 07'54.25"N，108° 50'54.62"E）2019.09.17

BY 098（41° 56'36.28"N，108° 39'45.66"E）2019.09.17

BY 136（41° 53'57.21"N，107° 34'23.31"E）2019.09.18

BY 137（42° 03'11.13"N，107° 30'17.20"E）2019.09.18

（采样点分布图见第 245 页）

BY 099（41° 21' 14.79"N，107° 27' 02.72"E）2019.09.19

BY 100（41° 47' 00.54"N，107° 23' 30.90"E）2019.09.17

BY 101（41° 46' 42.30"N，107° 12' 59.82"E）2019.09.17

BY 102（41° 44' 50.31"N，107° 03' 19.71"E）2019.09.17

BY 103（41° 39' 23.32"N，107° 00' 07.07"E）2019.09.17

BY 104（41° 39' 56.01"N，107° 05' 59.49"E）2019.09.17

BY 105（41° 35' 47.47"N，107° 06' 30.16"E）2019.09.17

BY 106（41° 31' 26.20"N，107° 09' 05.64"E）2019.09.17

BY 107（41° 26' 42.85"N，107° 03' 05.49"E）2019.09.17

BY 108（41° 22' 56.95"N，106° 51' 55.35"E）2019.09.18

（采样点分布图见第 245 页）

巴彦淖尔市 · 乌拉特后旗

BY 109（41° 18'11.67"N，106° 43'31.30"E）2019.09.18

BY 110（41° 16'02.48"N，106° 34'32.24"E）2019.09.18

BY 111（41° 11'05.16"N，106° 26'47.52"E）2019.09.18

BY 112（41° 04'37.96"N，106° 28'18.99"E）2019.09.18

BY 113（41° 00'56.30"N，106° 25'37.73"E）2019.09.18

BY 114（41° 15'43.11"N，106° 22'08.49"E）2019.09.18

BY 115（41° 23'16.42"N，106° 24'26.17"E）2019.09.18

BY 116（41° 23'09.97"N，106° 15'23.64"E）2019.09.18

BY 117（41° 26'22.89"N，106° 05'32.77"E）2019.09.18

BY 118（41° 31'15.36"N，105° 57'43.11"E）2019.09.18

（采样点分布图见第 245 页）

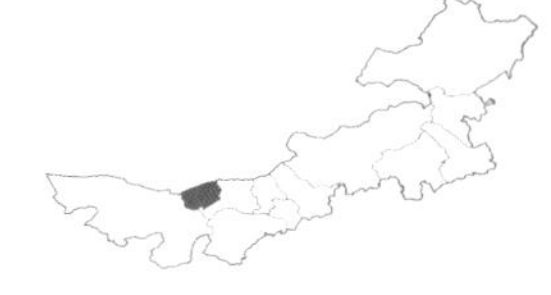

BY 119（41° 35'22.25"N，105° 47'57.21"E）2019.09.18

BY 120（41° 36'17.14"N，105° 40'53.94"E）2019.09.18

BY 121（41° 18'26.26"N，106° 07'27.66"E）2019.09.18

BY 122（41° 21'40.48"N，106° 04'18.13"E）2019.09.18

BY 123（41° 08'45.70"N，105° 53'00.99"E）2019.09.18

BY 124（41° 14'43.05"N，105° 52'00.45"E）2019.09.18

BY 125（41° 13'06.85"N，105° 47'58.90"E）2019.09.18

BY 126（41° 05'47.44"N，105° 50'13.64"E）2019.09.18

BY 127（41° 00'02.16"N，105° 56'33.09"E）2019.09.18

BY 128（40° 52'39.42"N，105° 59'35.65"E）2019.09.18

（采样点分布图见第 245 页）

巴彦淖尔市·乌拉特后旗

BY 129（40° 45'15.76"N，105° 57'46.80"E）2019.09.18

BY 130（41° 23'49.13"N，107° 02'30.15"E）2019.09.18

BY 131（41° 30'08.10"N，106° 54'46.03"E）2019.09.18

BY 132（41° 48'35.07"N，107° 03'30.70"E）2019.09.18

BY 133（41° 57'36.57"N，106° 58'12.67"E）2019.09.18

BY 134（41° 49'43.11"N，107° 16'20.12"E）2019.09.18

BY 135（41° 52'49.54"N，107° 21'27.69"E）2019.09.18

BY 138（42° 08'28.33"N，107° 19'45.70"E）2019.09.18

BY 139（42° 13'19.63"N，107° 07'34.95"E）2019.09.18

BY 140（42° 09'52.93"N，106° 56'54.96"E）2019.09.18

（采样点分布图见第 245 页）

巴彦淖尔市・乌拉特后旗

BY 141（42° 05'27.90"N，106° 54'23.91"E）2019.09.18

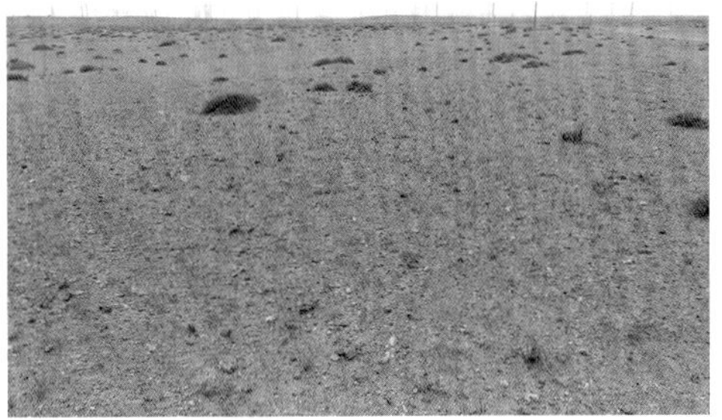

BY 142（41° 29'17.89"N，106° 43'48.58"E）2019.09.18

BY 143（41° 32'34.12"N，106° 41'37.47"E）2019.09.18

BY 144（41° 29'39.06"N，106° 33'06.85"E）2019.09.19

BY 145（41° 32'35.59"N，106° 28'20.94"E）2019.09.19

BY 146（41° 30'08.77"N，106° 26'04.96"E）2019.09.19

BY 147（41° 38'26.30"N，106° 33'39.11"E）2019.09.19

BY 148（41° 42'59.28"N，106° 31'05.24"E）2019.09.19

BY 149（41° 46'10.11"N，106° 19'45.72"E）2019.09.19

BY 150（41° 50'06.08"N，106° 15'20.33"E）2019.09.19

（采样点分布图见第 245 页）

巴彦淖尔市 · 乌拉特后旗

BY 151（41° 55'55.82"N，106° 13'49.41"E）2019.09.19

BY 152（42° 01'56.84"N，106° 12'28.38"E）2019.09.19

BY 153（42° 00'43.54"N，106° 20'38.17"E）2019.09.19

BY 154（42° 02'51.63"N，106° 28'09.25"E）2019.09.19

BY 155（42° 04'44.95"N，106° 34'48.81"E）2019.09.19

BY 156（42° 07'15.58"N，106° 43'22.14"E）2019.09.19

BY 157（42° 01'23.30"N，107° 01'24.07"E）2019.09.19

BY 163（40° 48'29.29"N，106° 34'51.52"E）2019.09.19

BY 164（40° 53'43.93"N，106° 37'21.27"E）2019.09.19

BY 165（40° 55'09.15"N，106° 43'36.22"E）2019.09.19

（采样点分布图见第 245 页）

BY 158（40° 35'01.72"N，106° 30'43.52"E）2019.09.19

BY 159（40° 37'55.29"N，106° 25'29.11"E）2019.09.19

BY 160（40° 41'40.66"N，106° 26'10.47"E）2019.09.19

BY 161（40° 45'50.42"N，106° 30'05.71"E）2019.09.19

BY 162（40° 42'58.40"N，106° 37'33.59"E）2019.09.19

（采样点分布图见第 245 页）

鄂尔多斯市草原图鉴

● 草原科考队成员

内蒙古大学生命科学学院2018级博士研究生高洁；2019级硕士研究生钟福娜、张利华、高洁、仝梦洁、罗慧。

● 草原科考队土样采集地区

鄂托克旗，乌审旗，鄂托克前旗，达拉特旗，准格尔旗。

途经杭锦旗、伊金霍洛旗。

● 队员感言

历时3个月的草原科考结束了，在这次科考的过程中，我们走遍了内蒙古的每一个天然草场，领略到了内蒙古草原的大好风光。蓝天，白云，绿草，草原的风光令人流连忘返，但是草场退化的问题也愈见明显，带着对草原的热爱，带着我们的憧憬，我们有责任去守护我们美丽的家园。通过采集土样、分类、整理、照片汇总，我们学到了很多知识，希望我们的工作能为草原建设尽绵薄之力，希望我们的家乡越来越美好。

——张利华

带着科考的重任我踏上了第一次草原的行程。一路欣喜、一路新奇，走向美丽的大草原，满眼绿色，真正看到牛羊满山坡的景象，蓝蓝的天空，大片的云朵。因为有伙伴的同行而让这次出行更加的欢快。一边科考，一边开拓视野，增长了知识，亲近了自然，感受了生活，也进一步感受了大自然的无穷魅力。

——钟福娜

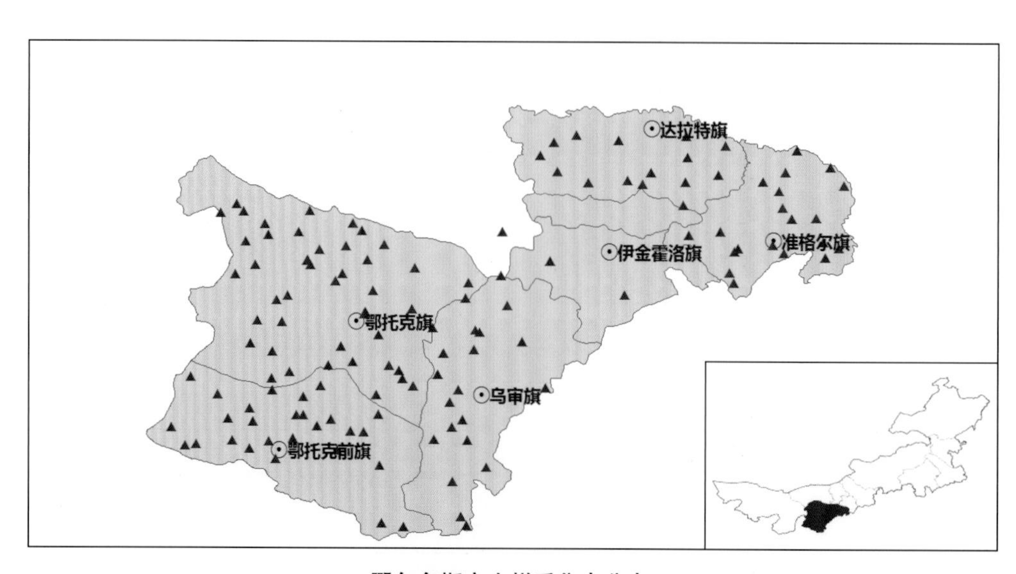

鄂尔多斯市土样采集点分布

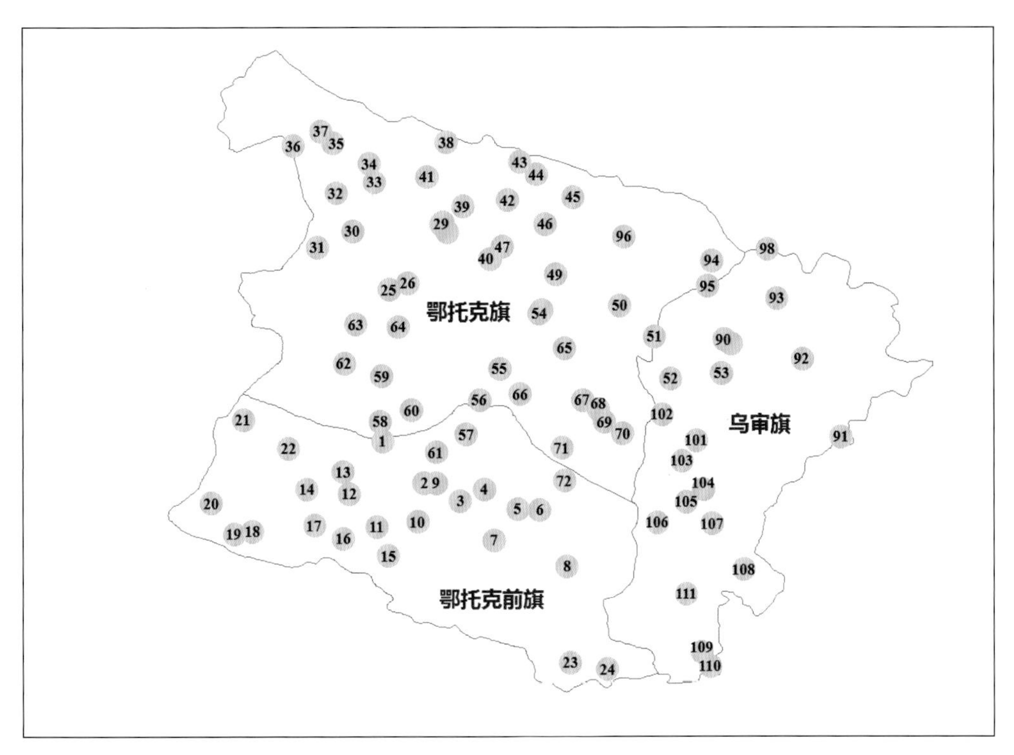

鄂尔多斯市·鄂托克旗、乌审旗、鄂托克前旗采样点分布和编号

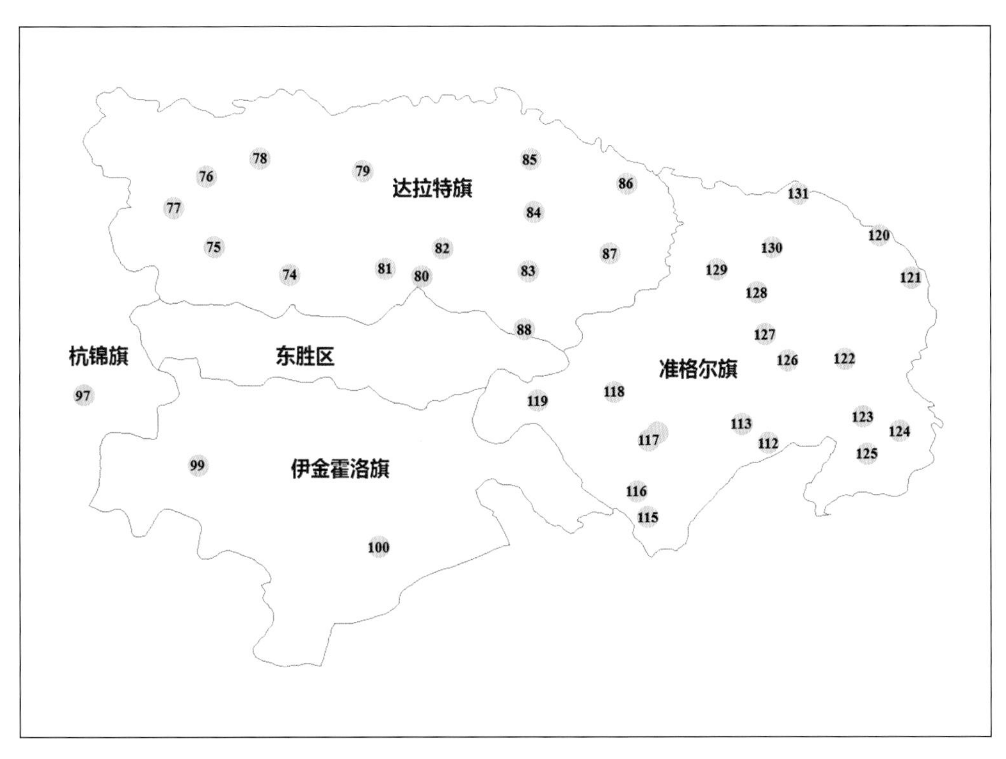

鄂尔多斯市·达拉特旗、准格尔旗采样点分布和编号

鄂尔多斯市·鄂托克前旗

EE 001（38° 37'43.54"N，107° 23'14.86"E）2019.09.15

EE 002（38° 27'35.04"N，107° 33'32.86"E）2019.09.15

EE 003（38° 23'16.75"N，107° 42'23.99"E）2019.09.15

EE 004（38° 26'01.02"N，107° 48'22.34"E）2019.09.15

EE 005（38° 21'14.92"N，107° 56'37.74"E）2019.09.15

EE 006（38° 21'03.27"N，108° 02'05.58"E）2019.09.15

EE 008（38° 07'26.72"N，108° 08'47.80"E）2019.09.15

EE 009（38° 27'36.58"N，107° 36'29.43"E）2019.09.15

（采样点分布图见第 265 页）

EE 011（38° 17'01.71"N，107° 21'47.06"E）2019.09.15

EE 012（38° 25'02.78"N，107° 14'50.91"E）2019.09.15

EE 013（38° 30'18.90"N，107° 13'23.64"E）2019.09.15

EE 014（38° 26'07.06"N，107° 04'15.67"E）2019.09.15

EE 015（38° 09'58.65"N，107° 24'36.93"E）2019.09.16

EE 016（38° 14'11.86"N，107° 13'26.35"E）2019.09.16

EE 017（38° 17'19.11"N，107° 06'08.85"E）2019.09.16

EE 018（38° 15'51.75"N，106° 50'43.39"E）2019.09.16

（采样点分布图见第 265 页）

鄂尔多斯市 · 鄂托克前旗

EE 019（38° 15'13.86"N，106° 45'59.62"E）2019.09.16

EE 020（38° 22'42.87"N，106° 40'12.11"E）2019.09.16

EE 021（38° 42'57.07"N，106° 48'24.97"E）2019.09.16

EE 022（38° 35'58.81"N，106° 59'47.22"E）2019.09.16

EE 023（37° 44'07.12"N，108° 09'41.59"E）2019.09.17

EE 024（37° 42'26.68"N，108° 18'57.23"E）2019.09.17

EE 057（38° 39'21.57"N，107° 43'53.35"E）2019.09.15

EE 061（38° 35'00.97"N，107° 36'25.00"E）2019.09.16

EE 072（38° 28'08.57"N，108° 08'12.36"E）2019.09.17

（采样点分布图见第 265 页）

EE 025（39° 14'24.72"N，107° 24'56.70"E）2019.09.16

EE 026（39° 16'01.65"N，107° 29'33.06"E）2019.09.16

EE 027（39° 28'23.79"N，107° 39'18.66"E）2019.09.16

EE 028（39° 30'39.31"N，107° 38'16.89"E）2019.09.16

EE 029（39° 30'18.39"N，107° 37'49.38"E）2019.09.16

EE 030（39° 28'33.06"N，107° 15'53.94"E）2019.09.16

EE 031（39° 24'40.51"N，107° 07'09.50"E）2019.09.16

EE 032（39° 37'47.34"N，107° 11'46.11"E）2019.09.16

（采样点分布图见第 265 页）

鄂尔多斯市 · 鄂托克旗

EE 033（39° 40'28.72"N，107° 21'24.62"E）2019.09.16

EE 034（39° 44'56.32"N，107° 20'03.53"E）2019.09.16

EE 035（39° 49'53.28"N，107° 10'51.94"E）2019.09.16

EE 036（39° 49'15.93"N，107° 01'05.64"E）2019.09.16

EE 037（39° 52'54.39"N, 107° 07'55.69"E）2019.09.16

EE 038（39° 50'07.83"N, 107° 39'11.65"E）2019.09.16

EE 041（39° 41'44.93"N，107° 34'24.26"E）2019.09.17

EE 042（39° 36'04.50"N，107° 54'17.99"E）2019.09.17

EE 043（39° 45'21.06"N，107° 57'19.81"E）2019.09.17

EE 044（39° 42'18.72"N，108° 01'21.36"E）2019.09.17

（采样点分布图见第 265 页）

EE 045（39° 36'51.47"N，108° 10'32.82"E）2019.09.17

EE 046（39° 30'24.03"N，108° 03'31.21"E）2019.09.17

EE 047（39° 24'48.50"N，107° 52'57.05"E）2019.09.17

EE 048（39° 09'28.05"N，108° 02'46.08"E）2019.09.17

EE 049（39° 18'05.94"N，108° 06'03.03"E）2019.09.17

EE 050（39° 10'41.10"N，108° 22'10.81"E）2019.09.17

EE 051（39° 03'07.19"N，108° 30'47.49"E）2019.09.17

EE 054（39° 08'39.04"N，108° 02'07.54"E）2019.09.15

EE 055（38° 55'17.34"N，107° 52'14.65"E）2019.09.15

EE 056（38° 47'39.26"N，107° 47'12.97"E）2019.09.15

（采样点分布图见第 265 页）

鄂尔多斯市·鄂托克旗

EE 058（38° 42'26.40"N，107° 22'44.70"E）2019.09.16

EE 059（38° 53'24.27"N，107° 23'05.16"E）2019.09.16

EE 060（38° 45'14.49"N，107° 30'25.98"E）2019.09.16

EE 062（38° 56'34.43"N，107° 13'43.65"E）2019.09.16

EE 063（39° 05'59.37"N，107° 16'33.90"E）2019.09.16

EE 065（39° 00'13.09"N，108° 08'21.09"E）2019.09.17

EE 066（38° 49'05.86"N，107° 57'19.61"E）2019.09.17

EE 067（38° 47'40.18"N，108° 12'51.84"E）2019.09.17

（采样点分布图见第 265 页）

鄂尔多斯市·鄂托克旗

EE 068(38° 45'35.06"N,108° 16'44.07"E)2019.09.17

EE 069(38° 42'23.28"N,108° 18'17.05"E)2019.09.17

EE 070(38° 39'35.71"N,108° 22'51.24"E)2019.09.17

EE 071(38° 36'05.71"N,108° 07'33.75"E)2019.09.17

EE 094(39° 21'29.20"N,108° 45'20.37"E)2019.09.18

EE 095(39° 15'16.69"N,108° 44'19.12"E)2019.09.18

EE 096(39° 27'17.05"N,108° 23'12.30"E)2019.09.18

(采样点分布图见第 265 页)

鄂尔多斯市·达拉特旗

EE 073（39° 41'19.01"N，109° 48'52.99"E）2019.09.19

EE 075（40° 06'34.30"N，109° 22'12.42"E）2019.09.19

EE 076（40° 18'20.57"N，109° 20'54.53"E）2019.09.19

EE 077（40° 13'02.49"N，109° 15'11.23"E）2019.09.19

EE 078（40° 21'15.38"N，109° 30'10.90"E）2019.09.19

EE 079（40° 19'10.94"N，109° 47'53.40"E）2019.09.19

EE 080（40° 01'37.12"N，109° 57'54.48"E）2019.09.19

EE 081（40° 02'55.87"N，109° 51'41.74"E）2019.09.19

（采样点分布图见第 265 页）

EE 082（40° 06'18.88"N，110° 01'27.35"E）2019.09.19

EE 083（40° 02'29.81"N，110° 15'59.73"E）2019.09.19

EE 084（40° 12'16.81"N，110° 16'57.55"E）2019.09.19

EE 085（40° 21'04.57"N，110° 16'17.67"E）2019.09.19

EE 086（40° 17'04.36"N，110° 32'49.31"E）2019.09.19

EE 087（40° 05'23.16"N，110° 29'58.46"E）2019.09.19

EE 088（39° 52'48.67"N，110° 15'13.56"E）2019.09.19

（采样点分布图见第 265 页）

鄂尔多斯市·乌审旗

EE 052（38° 52'54.81"N，108° 35'00.17"E）2019.09.17

EE 053（38° 54'10.80"N，108° 47'42.24"E）2019.09.17

EE 089（39° 01'13.17"N，108° 50'08.92"E）2019.09.17

EE 090（39° 02'20.32"N，108° 48'16.03"E）2019.09.17

EE 091（38° 38'54.00"N，109° 17'36.00"E）2019.09.18

EE 092（38° 57'36.84"N，109° 07'59.59"E）2019.09.18

EE 093（39° 12'19.59"N，109° 01'33.79"E）2019.09.18

EE 098（39° 24'16.40"N，108° 59'09.78"E）2019.09.18

EE 101（38° 37'59.73"N，108° 41'28.56"E）2019.09.18

EE 102（38° 44'11.29"N，108° 32'47.05"E）2019.09.19

（采样点分布图见第 265 页）

EE 103（38° 33'00.64"N，108° 37'41.43"E）2019.09.18

EE 104（38° 26'04.45"N，108° 43'07.68"E）2019.09.18

EE 105（38° 23'03.25"N，108° 38'47.51"E）2019.09.18

EE 106（38° 23'03.25"N，108° 38'47.51"E）2019.09.18

EE 107（38° 17'43.24"N，108° 45'13.25"E）2019.09.18

EE 108（38° 06'42.64"N，108° 53'08.58"E）2019.09.18

EE 109（37° 46'43.61"N，108° 42'36.70"E）2019.09.18

EE 110（37° 43'13.65"N，108° 44'48.78"E）2019.09.18

EE 111（38° 00'43.82"N，108° 38'54.16"E）2019.09.18

（采样点分布图见第 265 页）

鄂尔多斯市·准格尔旗

EE 112（39° 33'52.80"N，110° 57'12.43"E）2019.09.23

EE 113（39° 37'02.88"N，110° 52'37.96"E）2019.09.23

EE 114（39° 35'36.67"N，110° 38'05.23"E）2019.09.23

EE 117（39° 34'23.49"N，110° 36'34.35"E）2019.09.23

EE 115（39° 21'36.91"N，110° 36'27.09"E）2019.09.23

EE 118（39° 42'23.49"N，110° 30'37.58"E）2019.09.23

EE 119（39° 40'56.27"N，110° 17'29.26"E）2019.09.23

EE 120（40° 08'26.56"N，111° 16'18.64"E）2019.09.23

EE 121（40° 01'18.50"N，111° 21'55.57"E）2019.09.23

（采样点分布图见第265页）

EE 122（39° 47'55.63"N，111° 10'30.88"E）2019.09.23

EE 123（39° 38'16.25"N，111° 13'31.86"E）2019.09.23

EE 124（39° 35'52.44"N，111° 19'56.99"E）2019.09.23

EE 125（39° 32'06.43"N，111° 14'14.70"E）2019.09.23

EE 126（39° 47'40.08"N，111° 00'35.53"E）2019.09.23

EE 127（39° 51'57.58"N，110° 56'35.71"E）2019.09.23

EE 128（39° 58'52.07"N，110° 55'08.62"E）2019.09.23

EE 129（40° 02'42.09"N，110° 48'28.00"E）2019.09.23

EE 130（40° 06'22.28"N，110° 57'56.20"E）2019.09.23

EE 131（40° 15'21.93"N，111° 02'32.44"E）2019.09.23

（采样点分布图见第 265 页）

后记

我踏过百里香铺满的丘陵、委陵菜盛开的湖畔、芨芨草丛生的盐地、胡枝子匍匐的平原、蓝刺头占据的沙窝……行五万里路，记录下内蒙古草原的生境桑田变迁间的一段过往；采两万份土样，为草原营养做个健康体检，见证几抔历史长河中暂停的时光。

2019年7月，是个多雨的仲夏。甘霖滋润干涸已久的苍茫大地，蔓延了无尽绿意，苍生口中传颂祝歌的声音。淡青山岚层叠氤氲雪浪似的海，行走在画卷里，若在云端俯望生灵成群的欢喜。呼伦贝尔碧空如洗，被鄂温克族少年称作母亲的辉河，倒影着蔚蓝天际，骏马歇凉的河滩深深浅浅，湿地上莎草芦苇随风生出阵阵浪波；阿鲁科尔沁世外桃源般的游牧文化，蒙古包散落在漫山遍野的万千牛羊马间，碧草隐没一根细如线的车辙，獾子一家在洞穴口甩着尾巴，远林藏起狼迹鹿影。乌兰布统古战场草深无边漫寻归路，克什克腾花海百虫逐鸣，威灵仙上群蝶起舞，石林门前蒙古马成群，达里湖染上残橙色落日晚霞，游鱼随碧水涛纹拍着湖岸人家；辉腾锡勒白桦林下银莲花晶莹，仿佛精灵栖息之地，大眼的草原黄鼠人立而望，狼毒顶着火柴头般的花冠留下它的传说。辽祖陵前野猪踏着蒿草香气巡视领地，黄花丛中小狐狸一跃而过；柠条掩映的小路中央蜷着迷路受伤的刺猬，野韭遮住被雨打湿翅膀的野雀；冠丛的野杏爬上山坡，骆驼嚼着树叶若有所思地信步；红绢庙前野鸡警敏地觅食、石崖山丹边野兔蹦跳着躲闪，草甸上双飞雁为保护孩子鸣叫着引开天敌，野花从中初生的驴驹小心地藏卧；科考车队沿路行驶过，尽量用最小的破坏取下样品，还是不经意间惊动了石块下的蚂蚁窝……

草原之美使人流连忘返，草原退化亦使人暗自心惊。自东一路向西，绿意渐隐，路边的牛羊也变得不那么随处可见。四子王旗荒凉无垠失去讯号的国境边线，红土里埋着剔透碎石，未完成的路基扬起尘沙，烈日下挣扎着孤独的蝴蝶、带刺的蓟花。路边网围栏上贴着禁牧的标语，牧民们开心也忧心，忧心也开心。水草是否丰美，决定了牲畜的品质、未来的收成。激励了一群以草原为家的牧民，对研究草原、保护草原产生了兴趣。一些年长的牧民已经将他们的人生凝聚成了经验，另一部分思想先进的牧民开始执着于探索更科学的解释，而有一批来自草原的青少年已然率先加入了用知识保护草原的战场。十二三岁的孩子开始注意到草原植被分布的不同、他们也会仔细观察泥土颜色，好奇马驹病变疑因；高中学生积极地拿起了领到的工具，细心地为自家草场的土样写下蒙文的标注；初入大学的本科生响应活动号召，跟随车队开启一整个暑假的草原之行。层层翻滚的浓云下，定格少年奔跑的意气风发。丝丝斜飞的雨滴里，承载草原未来的希望与喜悦。烈日下用双脚丈量土地，狂风中逆风而行。生活在内蒙古二十余载，第一次感受到了游牧民族的气节，青年志愿者骄傲地说我们是草原的汉子，没有那么脆弱，草原由我们来守护。

当手机的定位在各大草原上轮换了一圈，夏季在充实的长途奔波中匆匆即逝，草原科考的采样阶段暂告一段落，也迎来了草原家畜的屠宰高峰。在此特别感谢我父母于永军、田爽对我的大力支持，积极帮助联络推动科考进程。这期间，我有幸接触到了许多大规模养羊的牧户，通过近距离观察也切实了解到一些问题。回到实验室后，我开始对大量的土样进行整理保存并进行下一步的研究，旨在从元素含量的角度探寻土壤营养能力的差异性和变化趋势，解答一些牧民有关草原畜牧业方面的疑问。同时进行采样信息整理和归纳工作，于是此书诞生了。两千余张看似十分雷同的蓝天绿地里记录着不可变更的细微区别，它们与地理坐标一一对应，包含着言语难尽的环境信息，代表着每片草原在近几年的这一段时间内的演化情况。它是我有关课题研究的一部分，也希望它能有机会为其他有关内蒙古草原演化规律的研究提供一份参考。

于 杰

2020年3月

附录1　内蒙古自治区天然草原土壤采集工具和方法

一、样地选择和采样

1. 确定交通方便的路线，选择具有代表性的草地采样。目测草原类型，每50～200千米选择一个样地。

2. 每个样地只记录一个坐标。每个样地采集5份土样，分布在大致10米方格的四个角和中心位置。这5份土样，分别标记为1-1、1-2、1-3、1-4、1-5。

二、土样采集方法

1. 将泥土钻垂直插入土中，通过左右旋转下压，将泥土钻插入土壤（图1），当泥土钻10厘米刻度与土壤表面平齐的时候，停止下压（图2）。

2. 垂直将泥土钻拔出，将泥土钻上所有土壤装入自封袋中（图3）。

图1

图2

图3

附录2　草原土壤样品库

土壤样品摊晾、风干

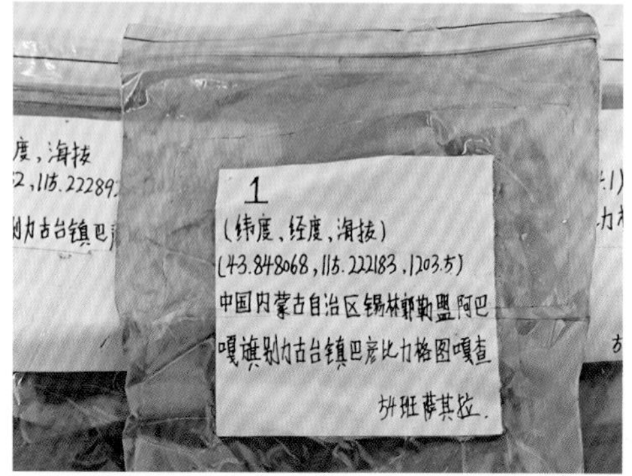

阿巴嘎旗蒙古族中学学生萨其拉采集自家牧场土样信息

整理采样信息、统一编号排序

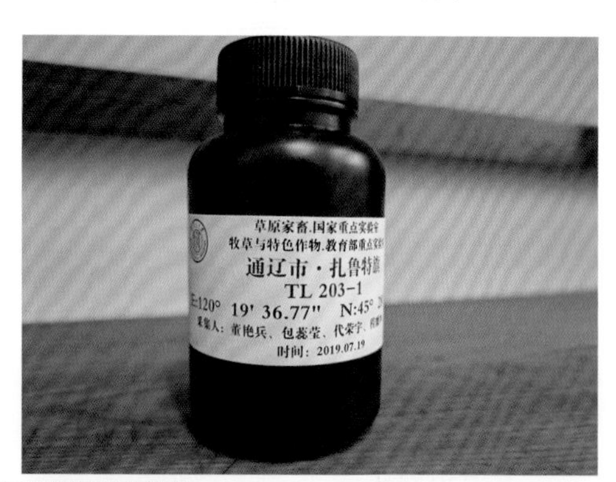

土壤样品过筛、贴标签装瓶避光保存

土壤样品按序留样、装箱、入样品库

附录3　草原科考工作照

呼伦贝尔市草原科考一队

呼伦贝尔市草原科考一队

兴安盟草原科考队

兴安盟草原科考队

内蒙古大学草原科考队与四子王旗蒙古族中学草原科考队

内蒙古大学草原科考队与四子王旗蒙古族中学草原科考队

内蒙古大学草原科考队与四子王旗蒙古族中学草原科考队

内蒙古大学草原科考队与四子王旗蒙古族中学草原科考队

赤峰市草原科考一队

赤峰市草原科考一队

赤峰市草原科考一队队员—
郭聪颖、于杰、张文奇、乌力吉那仁

赤峰市科考草原二队队员—李靖琳、于杰、张文奇

赤峰市草原科考二队

通辽市草原科考队

通辽市草原科考队

通辽市草原科考队

巴彦淖尔市草原科考队

巴彦淖尔市草原科考队队员—南洋、苏倩、张海东

巴彦淖尔市草原科考队队员—张睿、轩辕国超、张景洋

巴彦淖尔市草原科考队队员—苏倩、南洋、张海东

鄂尔多斯市草原科考队

锡林郭勒盟草原科考三队

锡林郭勒盟草原科考一队

锡林郭勒盟草原科考一队

祁智教授在阿巴嘎旗草原采样

锡林郭勒盟草原科考一队

内蒙古大学祁智教授、硕士研究生李慧、
本科生范文瑞、本科生秦璐瑶、本科生朝克图布音、
阿巴嘎旗蒙古族中学教师朝鲁门
指导阿巴嘎旗蒙古族中学学生采集自家牧场土样

内蒙古大学祁智教授、博士研究生赵曼、
本科生康玉洁、本科生马宇芩、本科生朝克图布音、
阿巴嘎旗蒙古族中学教师朝鲁门
指导阿巴嘎旗蒙古族中学学生采集自家牧场土样

祁智教授与阿巴嘎旗牧区青少年草原科考队学生

内蒙古大学祁智教授、博士研究生赵曼、
本科生康玉洁、本科生马宇芩、
阿巴嘎旗蒙古族中学教师朝鲁门
指导阿巴嘎旗蒙古族中学学生采集自家牧场土样

内蒙古大学祁智教授、博士研究生赵曼、
本科生康玉洁、本科生马宇芩、
阿巴嘎旗蒙古族中学教师朝鲁门
指导阿巴嘎旗蒙古族中学学生采集自家牧场土样

内蒙古大学祁智教授、博士研究生赵曼、
本科生康玉洁、本科生马宇芩、本科生朝克图布音、
阿巴嘎旗蒙古族中学教师朝鲁门
指导阿巴嘎旗蒙古族中学学生采集自家牧场土样

祁智教授和牧民宝日胡交流草原生态保护经验

祁智教授和牧民宝日胡交流草原生态保护经验

祁智教授和牧民宝日胡交流草原生态保护经验

祁智教授和牧民宝日胡交流草原生态保护经验

祁智教授和牧民宝日胡交流草原生态保护经验

祁智教授和牧民宝日胡交流草原生态保护经验

祁智教授和牧民宝日胡、阿巴嘎旗蒙古族中学教师朝鲁门

科考队与牧民宝日胡一起采集土壤样品

呼伦贝尔市草原科考二队—杨佳、文熙珂、杨幸福

呼伦贝尔市草原科考二队—杨幸福、文熙珂、斯琴

呼伦贝尔市草原科考二队—文熙珂

呼伦贝尔市草原科考二队—杨幸福、文熙珂、斯琴

呼伦贝尔市草原科考二队—文熙珂、杨佳

呼伦贝尔市草原科考二队—文熙珂、杨佳、杨幸福